向科學家挖寶

當孩子不愛讀書……

慈濟傳播人文志業中心出版部

親師座談會上，一位媽媽感嘆說：「我的孩子其實很聰明，就是不愛讀書，不知道該怎麼辦才好？」另一位媽媽立刻附和，「就是呀！明明玩遊戲時生龍活虎，一叫他讀書就兩眼無神，迷迷糊糊。」

「孩子不愛讀書」，似乎成為許多為人父母者心裡的痛，尤其看到孩子的學業成績落入末段班時，父母更是心急如焚，亟盼速速求得「能讓孩子愛讀書」的錦囊。

當然，讀書不只是為了狹隘的學業成績；而是因為，小朋友若是喜歡閱讀，可以從書本中接觸到更廣闊及多姿多采的世界。

問題是：家長該如何讓小朋友喜歡閱讀呢？

專家告訴我們：孩子最早的學習場所是「家庭」。家庭成員的一言一行，尤其是父母的觀念、態度和作為，就是孩子學習的典範，深深影響孩子的習慣和人格。

因此，當父母抱怨孩子不愛讀書時，是否想過——

「我愛讀書、常讀書嗎？」

「我的家庭有良好的讀書氣氛嗎？」

「我常陪孩子讀書、為孩子講故事嗎？」

雖然讀書是孩子自己的事，但是，要培養孩子的閱讀習慣，並不是將書丟給孩子就行。書沒有界限，大人首先要做好榜樣，陪伴孩子讀書，營造良好的讀書氛圍；而且必須先從他最喜歡的書開始閱讀，才能激發孩子的讀書興趣。

根據研究，最受小朋友喜愛的書，就是「故事書」。而且，孩子需要聽過一千個故事後，才能學會自己看書；換句話說，孩子在上學後才開始閱讀便已嫌遲。

美國前總統柯林頓和夫人希拉蕊，每天在孩子睡覺前，一定會輪流摟著孩子，為孩子讀故事，享受親子一起讀書的樂趣。他們說，他們從小就聽父母說故事、讀故事，那些故事不但有趣，而且很有意義；所以，他們從故事裡得到許多啟發。

希拉蕊更進而發起一項全國的運動，呼籲全美的小兒科醫生，在給兒童的處方中，建議父母「每天為孩子讀故事」。

為了孩子能夠健康、快樂成長，世界上許多國家領袖，也都熱中於「為孩子說故事」。

其實，自有人類語言產生後，就有「故事」流傳，述說著人類的經驗和歷史。

故事反映生活，提供無限的思考空間；對於生活經驗有限的小朋友而言，通過故事可以豐富他們的生活體驗。一則一則故事的累積就是生活智慧的累積，可以幫助孩子對生活經驗進行整理和反省。

透過他人及不同世界的故事，還可以幫助孩子瞭解自己、瞭解世界以及個人與世界之間的關係，更進一步去思索「我是誰」以及生命中各種事物的意義所在。

所以，有故事伴隨長大的孩子，想像力豐富，親子關係良好，比較懂得獨立思考，不易受外在環境的不良影響。

許許多多例證和科學研究，都肯定故事對於孩子的心智成長、語言發展和人際關係，具有既深且廣的正面影響。

為了讓現代的父母，在忙碌之餘，也能夠輕鬆與孩子們分享故事，我們特別編撰了「故事home」一系列有意義的小故事；其中有生活的真實故事，也有寓言故事；有感性，也有知性。預計每兩個月出版一本，希望孩子們能夠藉著聆聽父母的分享或自己閱讀，感受不同的生命經驗。

從現在開始，只要您堅持每天不管多忙，都要撥出十五分鐘，摟著孩子，為孩子讀一個故事，或是和孩子一起閱讀、一起討論，孩子就會不知不覺走入書的世界，探索書中的寶藏。

親愛的家長，孩子的成長不能等待；在孩子的生命成長歷程中，如果有某一階段，父母來不及參與，它將永遠留白，造成人生的些許遺憾——這決不是您所樂見的。

讓我們一起，向科學家挖寶

◎陳巧莉

對「科學家的故事」的書寫，緣於我從小對他們的熱愛。其實，他們也是普普通通、平平凡凡的人；雖然他們的生活背景、性格特點各不相同，但他們都有著甘願為科學事業勇於獻身的大無畏精神。正是他們，通過艱苦卓絕、百折不撓的發明奮鬥，推動著社會的發展，影響著我們生活的方方面面。

眾所周知，他們的科學研究成就如閃耀的星斗般澤被後世；然而，又有多少人知道他們在發明創造的過程中有著怎樣不為人知的經歷呢？他們中的每一個人都是勇士，即使在遭受無數次的挫折和失敗後，他們仍舊能默默耕耘、長期堅守；即使屢遭命運的嘲弄，經受一次又一次痛苦的掙扎和彷徨後，他們仍舊能以常人難及的堅韌和越挫越勇的銳氣去拚搏。他們的這種精神和他們所創造的科技成果一樣彌足珍貴，足以成為今天的我們取之不盡、用之不竭的寶藏！

在本書中，我以故事的形式書寫他們的生平、研究創造的過程、以及一路取得的成就；我希望，透過真摯樸實、通俗易懂的語言帶領讀者走進科學世界，瞭解科學家投身科研、捍衛真理、傳播科學的成功背後的故事，並希望能在潛移默化中讓更多青少年領會人生的真諦，成為一個有理想、有目標、勤於學習、開創進取、對社會有用的人。

數學是自然科學的基礎、是科學的開路先鋒，它的發展是科技與經濟發展的先導，它是無處不在的生活運用；然而，對於常人來說，無非是一連串枯燥的數字。科學家們如何將枯燥的數字化為神奇呢？我們唯有走近他們，才能感受到他們長跑在「數學之路」上的艱辛與癡迷！

而生物、物理、化學，它們是自然科學專業研究的重點。世界是由物質組成的；無論是嚴重病殘的霍金，還是體弱的帕斯卡，他們誰都沒有放棄在這條路上的苦苦追尋。科學家用自己聰明的智慧，為人類揭開了那些原本屬於大自然的奧祕。

疾病是人類健康的天敵，醫學就是人類在長期與疾病鬥爭的實踐中產生和發展而成的。在醫學研究領域，無論是後期的救治，還是前期的預防，科學家們都是真正為人類帶來健康和光明的使者。

還有那些有著「向天進軍」夢想的科學家，他們之中有飛天的俠客萊特兄弟，有敢於「捉天火」的引雷人富蘭克林……在他們身上，你看到了什麼？他們那種勇往直前、可歌可泣的精神，相信一定會深深的感染每一個讀過他們故事的人！

發明，是技術和生產活動的起點，是科學家創造性的腦力勞動。地動儀、鈕扣、蒸汽機、電報、網路、潛艇……每一樣發明，都是科學家智慧的結晶；每一樣發明，也幾乎都是在經過無數次試驗、克服了無數多困難，才得以成功的。崇高的志向、堅定的信念、頑強的毅力，和堅忍不拔、勇於獻身的精神，我們在每一位科學家的身上，無不看到這樣高尚的品質。

學習知識、掌握科學技術，早已成為新一代青少年所必備的本領。現在，就讓我們懷著崇敬的心情向科學家挖寶，在探究他們的科學研究道路上汲取營養，以他們為學習的目標和榜樣，共同進步，共同成長，體驗夢想帶來的力量！

由於個人能力的局限，書中難免有疏誤之處，敬請廣大讀者批評指正，並予諒解。

二〇一三年八月

目錄

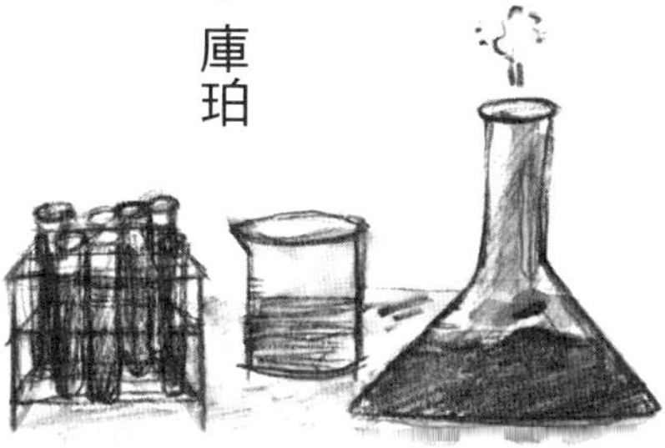

回春神醫——扁鵲

扁鵲（西元前四〇七—前三一〇年）是戰國時期著名的醫學家。年輕時，他在一家客棧做管事的夥計；因為待人謙和，深得客人們的信任。在形形色色的旅客中，有一位背著藥箱的老先生是常客，扁鵲十分尊敬他。

某一天，有個客人在用餐時突然昏倒了。老先生立刻打開藥箱，從藥囊中取出金針，熟練的在病人頭面上扎了幾針；才一會兒功夫，病人竟奇蹟般的甦醒了。從此，扁鵲對他更加敬仰，只要一有空，就會在一旁觀看老先生為人治病。

有一次，老先生出外看診回來，便把扁鵲叫到跟前，開門見山的說：「你若願意跟我學醫，就到南山採藥去吧，一年之後再來見我。」扁鵲毫不猶豫的點了點頭，當晚就辭掉客棧的工作。第二天一早，他背上籮筐，帶著工具及藥樣就出發了。

一路採挖，扁鵲翻過了一座座險峻的山峰，穿過了一片片茂密的叢林，餐風宿露，有時還要躲避可怕的山蛇。不知不覺中，一年過去了。

老先生見扁鵲滿載而歸，卻面無喜色的對他說：「從現在開始，你就到各地去尋訪至少五百例疑難雜症，為他們切脈並一一記錄，完成後才能回來。」

扁鵲二話不說，背起藥箱就開始四方尋訪；一路上，他為各色各樣的人切脈、記錄，從脈象的變化中，仔細揣摩人體的病症。當他完成任務返回老先生身邊時，卻發現老先生正躺在床上痛苦呻吟。

他大吃一驚，顧不得旅途勞頓，放下行李後就為老先生熬湯煎藥，又端來一大盆熱水，蹲在床前為老先生洗腳；這時，老先生卻突然把洗腳盆踢翻，洗腳水澆了扁鵲一身。扁鵲平靜的轉身，鏟來灶灰撒在濕漉漉的地上，接著便侍候老先生入睡。

到了半夜，老先生卻起身將扁鵲叫到床前，慈祥的說：「你已經通過三次考驗，對藥材和病症都積累了豐富的經驗；現在，我可以放心的把多年來的行醫經驗傳授給你了。」說完，老人便將自己珍藏多年的醫書慎重的交給扁鵲。

從此，扁鵲一邊研讀、一邊實踐，醫術日漸高明。為了找藥材，他常常攀山越嶺、步行千里，磨破幾層腳皮也不在意。他四處行醫，走遍齊、趙、衛、秦等許多國家。在多年的實踐裡，他摸索出一套診斷疾病的「四診法」：望（看氣色）、聞

（聽聲音）、問（問病情）、切（摸脈搏）。很快的，這個消息傳到了虢國宮廷御醫耳裡；妄自尊大的御醫們不服氣的說：「有機會定要會會扁鵲！」

扁鵲路過虢國時，聽說國君的太子突然斷了氣，大臣們已在替太子辦理後事；他便自報名字，要去看個究竟。見到太子「遺體」，他用耳朵貼近太子的鼻子聽了聽，發現還有隱隱的氣息；又用手摸了摸太子的大腿根和心窩，發現還有微溫；他又仔細摸了摸太子的脈搏，發現還有微弱的脈象。他擺了擺手說：「太子並沒有死，他只是得了昏厥症（休克）！」

「扁鵲，你好大膽子，敢在此胡言亂語！」一旁的御醫惱怒的說。

扁鵲不急也不惱；他打開藥箱，拿出金針，在太子頭頂和胸部扎了幾針，又為太子熱敷、灌湯藥；沒過多久，就看到太子張開眼睛醒過來了。

宮廷上下都為太子的重生歡呼慶賀，並稱讚扁鵲是一位起死回生的神醫。扁鵲向大家一鞠躬，回敬眾人的好意，然後背起藥箱告辭，留下一旁的御醫羞紅著臉、不知所措。

給小朋友的貼心話

「不經一番寒澈骨，哪得梅花撲鼻香？」扁鵲歷經老者的考驗，並且努力不懈，終於成為妙手回春的大醫王。小朋友，我們學習任何事物都是如此，要花時間、下苦功，才能學到真正紮實的本領。

沉浸於研究的幾何學家——歐幾里得

在雅典城外西北郊的聖城阿卡德摩（Academus），有一所名為「阿卡德摩學園」的學校，它是哲學家柏拉圖（Plato）在四十歲結束旅行後返回雅典時創立的，是西方最早的高等學府之一，也是中世紀時在西方發展起來的大學前身。學院受到畢達哥拉斯（Pythagoras）的影響很大，課程設置類似畢達哥拉斯學派的傳統課題，包括算術、幾何學、天文學以及聲學。柏拉圖為了讓學生們知道他對數學的重視，親自立下「不懂幾何者，不准入內！」的入學規矩。

這一天，一群前來求學的少年來到學園門口，只見大門緊閉著，門口掛著的木牌上寫著：「不懂幾何者，不得入內！」這可把他們弄糊塗了，「懂幾何的人還需要來這裡學習嗎？」他們互相抱怨著。

這時，一個沉默的少年從人群中走了出來；他整了整衣冠，看了看那塊牌子，目光堅定的推開了學園大門，頭也不回的走了進去。他就是歐幾里得（西元前三三〇—前二七五年）。

進入學園後的歐幾里得如願以償，全心沉浸在數學王國裡。他以繼承柏拉圖的學術為奮鬥目標，潛心求學，哪兒也不去；他的同學一次次用美食及玩樂引誘他出去，他都不為所動。

歐幾里得夜以繼日的閱讀和研究柏拉圖的所有著作及手稿，對於柏拉圖的學術思想和數學理論，已有獨到的看法，並得出一個結論：「所有現象的邏輯規律都體現在圖形之中；因此，要訓練智慧，就應該從以圖形為主要研究對象的幾何學開始。」他把研究幾何學作為終身職志，為研究而研究。

成家後的歐幾里得仍然沉浸在研究的樂趣裡，幾乎足不出

戶，過著與世無爭的日子。不過，他的妻子看著自己的丈夫終日埋頭在那些幾何圖形裡，既換不來財富，也不能抽空陪她散步；一日又一日，一月又一月，心裡就覺得不愉快。

歐幾里得偶然抬起頭，看見兩手叉腰、滿臉怒氣的妻子，只能傻笑著對她說：「親愛的，那些浮光掠影的東西終究會過去；但是，星羅棋布的天體圖形永恆不動啊！我現在所做的事也許對我們的生活毫無幫助；但是，請相信妳的丈夫用時間和智慧所做的這些研究，對後人將會價值連城！」

妻子聽完，只能無奈的搖搖頭，又看著丈夫繼續埋頭在幾何圖形裡了。歐幾里得主張學習必須循序漸進、刻苦鑽研，不贊成投機取巧的作風，更反對狹隘的實用觀念。他說：「學習數學和學習一切科學一樣，沒有什麼捷徑可走。學習數學，人人都得獨立思考，就像種田一樣，沒有耕耘就不會有收穫。」

給小朋友的貼心話

做任何事都需要信心和努力；看到一點困難就放棄向前走的人，自然沒有戰勝困難、取得成功的機會；只講究回報的人，也很難有堅持下去的決心。

預測地震——張衡

「爺爺，天上的星星為什麼忽明忽暗，還會移動呢？」夜空下，小張衡一邊望著空中閃爍的小星星，一邊好奇的問爺爺。

西元七十八年，張衡出生於南陽郡西鄂縣石橋鎮（今河南省南陽市城北五十里石橋鎮）一個沒落的官宦世家。他的祖父張堪自小志向高潔，行為端方，被人稱為「聖童」，曾任蜀郡太守和漁陽太守；但到張衡出生時，已是家道中落，生活有時還要靠親友接濟。

貧窮的生活讓懂事的張衡更加發憤學習。他像祖父一樣，自小刻苦勤學，很有文采，最感興趣的是研究機械、天文、曆法、數學等自然科學；有時為了解決一個問題或製造一種儀器，他可以不間斷的一連幾天埋頭鑽研，直到成功為止。

張衡長大後，他的才華得到皇帝賞識，被召到京城洛陽擔任太史令，主要負責天文曆法的研究。為了探明自然界的奧祕，年輕的張衡常常一個人關在書房裡讀書、研究，還常站在天文臺上觀察日月星辰。

東漢時，中國很多地區經常發生地震，一般老百姓都認為那是世人衝撞了鬼神得到的報應；張衡不相信這些迷信的說法，他認為地震是一種自然災害。他想，如果能製造出一種儀器，可以預測地震的發生，讓人們能提前做好預防的準備，降低災害，該有多好啊！

從此，張衡開始東奔西走，哪裡有災情，他就趕到哪裡；詳細記錄各地地震後的情況，並開始廢寢忘食的研究地震的現象和規律。不知經過多少個風雨晨昏，熬過多少個不眠之夜，張衡終

於在西元一三二年發明了能預測地震的儀器——地動儀。它是由青銅鑄成，形狀像個酒罈子，周圍倒掛著八條龍，每條龍口裡含著一個小銅球，龍頭下面蹲著一隻張著大嘴的大蟾蜍；只要哪個方向發生地震，朝那個方向的龍嘴就會自動張開，吐出銅球，掉在蟾蜍嘴裡，預示那個方向發生地震了。

地動儀製造成功以後，放在京城洛陽一間觀測地震的屋子裡。西元一三八年的某一天，西北方的龍頭突然張嘴吐出銅球，掉到了蟾蜍嘴裡，這表示西北方向發生地震了。

「真的有地震嗎？」大家都在議論紛紛。因為，住在洛陽城的人們，這一天絲毫沒有查覺大地有什麼震動。有一些人開始對張衡冷嘲熱諷，認為他的地動儀只是個騙人的玩藝兒。

過了幾天，有一組進京城求援的人到達洛陽；他們心有餘悸的說，隴西地方（今甘肅）幾天前發生了好可怕的地震，山崩地裂，災情嚴重。人們這才相信張衡發明的地動儀是準確可信的。

張衡發明的地動儀是世界上第一架記錄地震的儀器；雖然它的功能只限於測知地震的大概方位，這已遠遠超越了當時世界科技的發展。世界上地震頻繁，西方能利用儀器測到地震已是十九世紀以後的事；西元一八八〇年，歐洲才製造出類似的儀器，比張衡晚了一千七百多年呢！這樣優秀的發明，叫人們佩服得五體投地。

西元一三九年，也就是隴西大地震的第二年，張衡不幸染患重病，因醫治無效而去世。

給小朋友的貼心話

張衡之所以能在科學上有偉大發明，源於他從小就熱愛科學、勤奮學習，長大後更是刻苦鑽研，不懈的觀察實驗；沒有熱愛，沒有思索，沒有實踐，沒有刻苦鑽研，他就不可能發明「地動儀」！想想看，當你想要完成某件事，該如何努力呢？

親嘗百草利眾生——華佗

很多醫院裡都會掛著「華佗再世」的匾額，推崇醫生的仁心仁術，好像很久很久以前的名醫華佗一樣。

華佗（西元一四五—二〇八年），字元化，沛國譙縣人（今安徽亳州）。東漢末年，戰亂頻繁，瘟疫橫行，百姓死傷無數；從小就對醫學感興趣的華佗，便立志要行醫救人。白天，他攀山越嶺、採集草藥；夜裡，他挑燈夜讀，研究藥理。

他採藥的足跡遍及今天的江蘇、山東、河南、安徽部分地區，以至於家中的老母親病重時想見他一面，還要託人四處打聽、捎信。在採藥治病的過程中，華佗的醫學知識日益淵博，不斷累積臨床經驗。他精通內科、外科、婦產科、小兒科和針灸科，尤其擅長外科。

華佗總是處處留心觀察，很多有奇效的藥材就是在觀察中發現的。他曾認真看過蜘蛛與馬蜂的爭鬥，發現被馬蜂螫得肚皮腫大的蜘蛛，將自己的身體一次又一次在青苔上滾爬，最後便消了腫。於是，聰明的華佗就有了青苔治蜂毒的方子。

有一天，出外採藥的華佗夜宿一家客棧，半夜忽然聽見隔壁房客因吃多了螃蟹而腹痛不止。他想起自己曾見到：一隻小水獺吞吃一條魚後，肚子撐得像鼓一樣、十分難受，牠便爬到岸上吃了些紫色的葉子，不久後便沒事了。於是，華佗連夜去採回這種紫色的葉子，喚來徒兒將草藥煎湯讓病人服下，果然藥到病除。他便將此草命名為「紫蘇」。

不外出的日子，華佗就在家中清理後院，鑿藥池、建藥房、種藥草。每一味藥，他都要先仔細品嘗，弄清藥性後才用到病人身上。

有一次，一位遠親送給華佗一棵芍藥，他覺得不能入藥，就草草將它種在屋

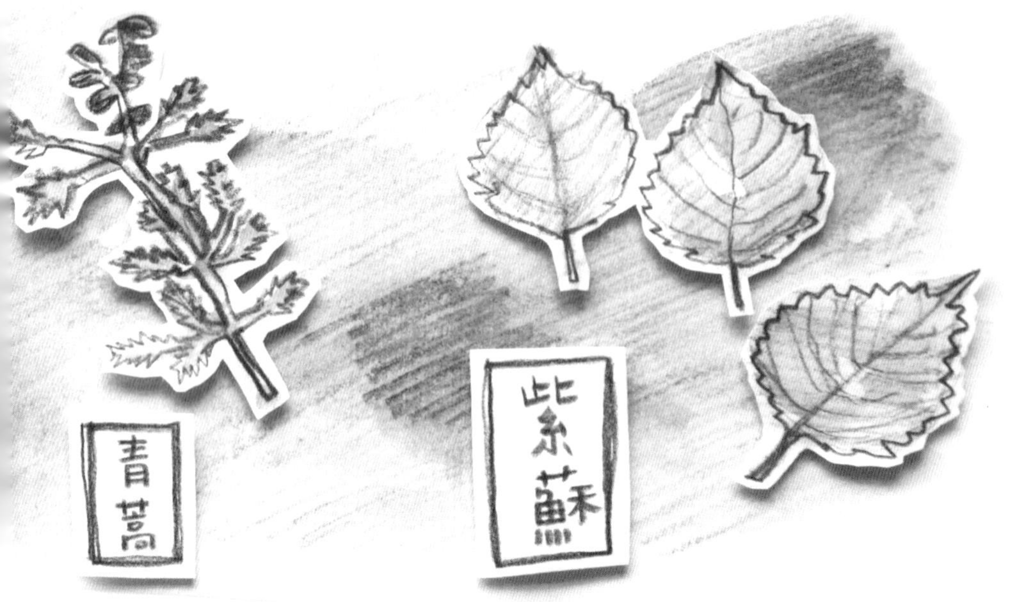

前。過了幾天，華夫人血崩腹痛，便瞞著丈夫挖起芍藥根煎水喝，半天時間就止了腹痛。夜裡，華夫人將此事告訴丈夫，華佗聽後慚愧不已，立即起身到院子裡，將那株芍藥的根葉重新嘗了幾遍。第二天，他又將其做了精細的試驗；這回，他發現芍藥不但可以止血、活血，而且有鎮痛、滋補、調經的功效。

華佗對夫人說：「我嘗盡了百草，藥性無不辨得一清二楚，沒有錯過分毫。

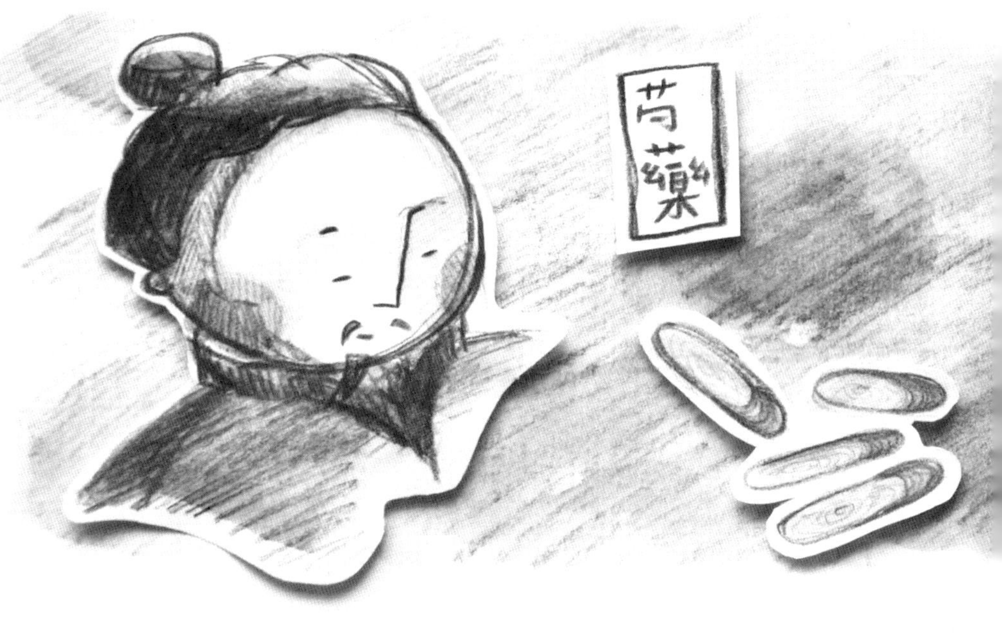

對這芍藥的莖、葉、花，我也多次嘗過，卻不夠仔細，差點兒錯過了一味好藥材！」

中藥青蒿能治療瘧疾而不引發抗藥性的功用被現代科學家發現後，被視為治療瘧疾的靈丹妙藥。華佗當年為了摸清青蒿的藥效，在三年中三試青蒿草，將其根、莖、葉進行分類試驗，最後得出結論：只有幼嫩的莖葉可以入藥治病，並取名「茵陳」。

華佗的高明之處，就是在前人經驗的基礎上創立新的學說。例如，當時他就發現「體外擠壓心臟法」和「口對口人工呼吸法」。最突出的應數麻醉術——「酒服麻沸散」的發明，以及傳下運動療法「五禽戲」。

他在前人利用某些具麻醉功效的藥品用於戰爭的基礎上，再結合他觀察人醉酒時的沉睡狀態，發明了酒服麻沸散的麻醉術，並正式用於醫學，大大提高了外科手術的技術和療效，並擴大了手術治療的範圍。被他救治過的人不計其數，因而被人稱為「神醫」。

給小朋友的貼心話

小朋友，華佗差點兒錯過「芍藥」這味藥材的故事給你什麼啟示呢？我們學習或做事時可能因為某些疏忽而犯錯；若能精益求精，才能讓我們的能力更加紮實。

精算圓周率——祖沖之

「天上星，亮晶晶，牛郎星、織女星，還有一顆北斗星……」聽著朋友們在窗下唱著歌謠、數著星星，祖沖之（西元四二九—五〇〇年）更想出去了；但他的父親祖朔之卻不答應，並要他：「別只想著玩，要好好背誦《論語》，用心讀經書，將來才可以做大官，不然怎能有出息？」

祖沖之的爺爺當時在朝廷擔任「大匠卿」，掌管土木工程。見此情景，他皺了皺眉，對兒子說：「孩子現在不到九歲，不要硬逼他學習不喜歡的學問；何況，讀了一肚子經書，若整天只會『之乎者也』，卻什麼事也不會做，又有何用？不如讓他隨我到建築工地去長長見識吧！」

祖朔之點點頭表示贊同。

小沖之隨著爺爺到建築工地時，對什麼都充滿好奇。有一次，祖沖之問爺爺：「為什麼每月十五的月亮一定會圓呢？」

爺爺解釋說：「月亮運行有它的規律，所以有缺有圓！」

祖沖之越聽越覺得有趣，從此更是經常纏住爺爺問個不停。爺爺見他對天文感興趣，便拿出了幾本天文曆書讓他閱讀。自那以後，祖朔之也改變了對兒子的看法，每天教孩子讀天文方面的書，祖孫三代有時還一起研究天文知識呢！

有一天，爺爺帶他去拜見一位在天文學方面很有成就的官員何承天。

何承天問沖之：「天文這學問研究起來很辛苦，既不能靠它發財，更不能靠它升官，你為什麼要鑽研它？」

沖之說：「我不求升官發財，只想弄清天地的祕密。」

從此，十多歲的祖沖之經常去找何承天研究天文曆法。

有一天，沖之聽學堂上的老師說「圓周是直徑的三倍」，他就拿著繩子，攔下過往的馬車測量車輪，量來量去，車輪的直徑總沒有圓周的三分之一，這激起他繼續摸索的興趣。

經過多年的努力學習後，他按照劉徽的「割圓術」，設了一個直徑為一丈的圓，在圓內切割計算；當他切割到圓的內接一九二邊形時，得到了「徽率」的數值。但他沒有滿足，繼續切割，作了三八四邊形、七六八邊形……一直切割到二四五七六邊形，依次求出每個內接正多邊形的邊長；最後求得：直徑為一丈的圓，它的圓周長度在三丈一尺四寸一分五厘九毫二秒七忽到三丈一尺四寸一分五厘九毫二秒六忽之間。

在一千五百多年前的南朝時代，沒有算盤，更沒有計算機，要做出這樣精密的計算，是一項極為細緻而艱巨的工程。

已到中年的祖沖之夜以繼日的彎著腰，不停的擺著、算著、記著，還要經常重新擺放數以萬計的算籌；即使手上磨出了血泡，他也顧不得歇一歇。深夜，在昏暗的油燈下，他經常忙碌到油燈裡的火苗自然熄滅了，才直起腰來揉揉眼睛。

經過長期的刻苦鑽研，無數次的反覆演算，祖沖之終於在前人的研究基礎上，將圓周率推算至小數點後七位數（他計算出圓周率在三點一四一五九二六和三點一四一五九二七之間），並得出了圓周率分數形式的近似值，成為全世界最早把圓周率數值推算到小數點後七位數以上的科學家，他對這個成果非常滿意。

有一回，他帶著兒子祖暅到郊外一座小山上的寺院去散心。他邊走邊叮嚀兒子：「暅兒，這圓周率非常重要，在天文、曆算、測地、繪

3.1415926

圖上處處都要用到，你可要牢牢記熟啊！」

小祖暅指著山上的寺院說：「這很好記啊——山顛一寺一壺酒二鹿（三點一四一五九二六）。」

祖沖之計算出的圓周率——山顛一寺一壺酒二鹿——比歐洲科學家還要早一千年。為紀念這位偉大的數學家，日本數學家三上義夫要求把圓周率稱為「祖率」；西方科學家還將月球背面的一座環形山命名為「祖沖之環形山」，並將小行星 1888 命名為「祖沖之小行星」。

給小朋友的貼心話

任何事業的成功背後，都有極其艱辛的創業歷程，科學研究更是如此；除了求知的興趣、謹慎的態度、刻苦的鑽研，還要有堅定的毅力，一樣也不可缺！小朋友，你若想在感興趣的事物上有所成就，一樣要經過一番努力呵！

發現「黑金」——沈括

中國北宋時代，有一位博學多才、成就非凡的科學家——沈括。當代家喻戶曉的石油，過去被喚為「石脂水」、「猛火油」，「石油」這個名字就是由沈括命名的。

沈括生於宋仁宗天聖九年（西元一〇三一年）錢塘（杭州）的一戶官宦人家，他的父親沈周當過福建泉州、河南開封、江蘇南京、四川成都的知府。跟隨父親遊歷四方的沈括，每到一地都很關注當地的自然景象、風土人情，因此見多識廣。

在福建泉州居住時，他就聽說江西鉛山縣有一泓苦泉，人們將其加以熬煮，便可得到黃燦燦的銅。聽聞此事，沈括不遠千里來到鉛山縣，在當地見到了呈青綠色、味苦的苦泉，當地人稱「膽水」。其實，「膽水」就是亞硫酸溶液，放在鐵鍋中熬煮後生成的「膽凡」就是亞硫酸銅；將它再熬煮，與鐵產生化學反應後，就分解成銅與鐵。

見證了村民「膽水煉銅」的過程後，沈括便將它記錄在《夢溪筆談》中。只是，受科學發展的局限，他雖不能明確揭示「膽水化銅」的化學原理，但已闡述了「膽水煉銅」的過程，也記錄了在鉛山周圍有一個規模不小的銅礦。後人沿著鉛山縣的膽水往北尋找，果然在貴溪縣找到了巨大的銅礦，後來成為江西銅業公司的開採地。如今，此地的電解銅年產量已高達九十萬噸，位居中國第一、世界第三。

我國最早關於石油與石油開採的記載也來自沈括的《夢溪筆談》。

西元一〇八〇年，五十歲的沈括出任延州知州，在西北前線對抗強敵西夏的入侵；在此期間，他仍四處走訪，察看地質民情。風雪交加的隆冬時節，沈括騎馬路過陝北延壽縣時，只見延河的兩岸帳篷星羅棋布、煙霧騰騰，帳篷周圍的積雪被融化。這種異樣景象讓沈括感到很好奇：此時不是應該大雪封山、柴源不足之時嗎？

他顧不得旅途勞累，請人引路，實地去察看一番；待他下馬步入帳篷後，才發現村民燒的不是木柴，而是一種液體。他認真觀察，那液體黝黑發亮、如脂如膏、粘稠似漆，熱量極大，燃燒時冒著滾滾濃煙，帳幕沾上濃煙後都變成了黑色；這讓他如夢初醒，「石油」之名便油然而生。過去說的高奴縣「脂水」就是石油，它產生在水邊，與砂石和泉水相混雜，斷斷續續的流出來；當地人就用野雞尾毛將其沾取上來，採集到瓦罐裡。沈括大膽猜測：這種煙可以利用！於是，他試著掃起它的煙煤用來做成墨；果然，那如黑漆般的光澤即便是松墨也比不上。於是它被大量製造，並標上「延川石液」字樣。

「二郎山下雪紛紛，旋卓穹廬學塞人；化盡素衣冬未老，石煙多似洛陽塵。」深夜裡，沈括用沾上煙墨的毛筆在書中寫下了描述延州開採石油盛景的詩句；而他，自然成了第一個使用石油的人。

之後，沈括又發現和考察了鄜延境內的石油礦藏和用途。「生於地中無窮，此物後必大行於世」——沈括的遠見已為今天所驗證。

給小朋友的貼心話

沈括是中國歷史上最卓越的科學家之一，他的研究領域極其廣泛；若不是他從小就勤奮好學，並且熱愛自然、細心觀察，就不可能取得如此卓越的成績。留心觀察周遭環境，說不定你也能發現奇妙的事物呵！

解剖人體奧祕——維薩里

在十六世紀巴黎醫學院的課堂上，神情古板的教授捧著古希臘醫學家蓋倫（Galen）的著作，在臺上照本宣科；臺下，學生們哈欠連連的看著助教解剖動物屍體。顯然，這種枯燥無味的講演和一成不變的解剖已無法引起學生們的興趣，但大家都心照不宣；只有一名來自布魯塞爾、濃眉大眼的學生常對此提出不滿，他提的有些問題連教授也難以解答。他就是安德雷亞斯．維薩里（Andreas Vesal，1514-1564）。

維薩里出生於布魯塞爾的一個醫學世家，他的曾祖父、祖父、父親都是宮廷御醫；受環境影響，維薩里對醫學產生濃厚的興趣。

一五三三年，維薩里考進巴黎醫學院；渴望得到更多知識的他，立志獻身於醫學事業。但是，在上了動物的解剖課後，他有了一連串的疑問：難道人的胸骨也分成七節嗎？人的腿骨也是彎曲的嗎？對此，他百思不得其解；唯一能解開疑惑的方法是：親自動手對人體進行解剖。

「解剖人體！」維薩里的同學得知他的想法後驚聲尖叫，「上帝啊，我沒有聽錯吧？」這也難怪，在當時看來，維薩里的想法簡直是大逆不道。然而，為了探求科學真理，勇敢的維薩里決定冒險去刑場偷死刑犯的屍體。

深夜裡，維薩里常冒險闖進墓地或絞刑架偷出屍體，然後在微弱的燭光下偷偷的徹夜觀察研究，解剖工作極為艱苦。為了減緩屍體腐爛的速度，維薩里常常在寒冷的嚴冬進行解剖；為了進行比對，他強忍住強烈的腐臭，同時解剖數具屍體，一做就是幾個星期。

這項工作讓他得了胃病，因為

他幾乎不吃不喝。他也失去了往昔的一些朋友，因為他們會捏著鼻子說：「我的天哪！維薩里身上總有一股叫人難以忍受的怪味！」

在寒冷、腐臭、困苦中，維薩里始終堅持不懈，最終獲得了蓋倫所缺乏的第一手資料；光是骨骼系統，他就發現了蓋倫著作中的兩百多個錯誤。一五四三年，維薩里出版了他的劃時代巨著《人體結構》，修

正了以蓋倫為代表的舊學說臆測的解剖學理論，以豐富的解剖資料，系統的描述了人體的骨骼、肌肉、血管、神經、內臟的特點。他在書中寫道，人體的所有器官、骨骼、肌肉、血管和神經都是密切相互聯繫的，每一部分都是有活力的組織單位。這部著作的出版，澄清了蓋倫學派主觀臆測的種種錯誤，使解剖學步上正軌。可以說，《人體結構》一書是解剖科學建立的重要里程碑。

這一年正好也是天文學家哥白尼發表《天體運行論》的時候，哥白尼否定了托勒密的地球中心說，描述了天體運動；而維薩里則修正了蓋倫的解剖學理論，描繪了人體的運作。通過人體解剖，維薩里發現男人和女人的肋骨一樣多，否定了「上帝用亞當的肋骨造出夏娃」

的傳說。維薩里的命運和哥白尼一樣，為了捍衛科學真理，遭教會迫害；但是，他建立的解剖學為血液循環的發現開闢了道路，成為人們銘記其貢獻的豐碑。

給小朋友的貼心話

為了釐清問題，維薩里不盲目相信，情願冒險解剖屍體；為了捍衛真理，維薩里不畏權威及迫害。這是研究科學的態度，也是為人處事的踏實。

揭開擺動的祕密——伽利略

在佛羅倫斯一條冷清的街道上，受生活所迫的音樂家凡山杜開著一間不起眼的毛織品鋪，生意清淡，伽利略（Galileo Galilei，1564-1642）正是他的長子。

凡山杜對聰明的長子伽利略寄予從醫的厚望，而將小伽利略送進了佛羅倫薩修道院的學校；想不到，專心學習哲學和宗教的小伽利略卻有了長大後成為傳教士的想法。凡山杜極為反對，便將他帶回家。

回家後的小伽利略只得先在父親的鋪子裡做事，但這並不能阻斷他對數學和物理學的熱愛；於是，他開始偷偷自學。不在學校、沒有老師，他就想方設法找來一些自然科學的書籍閱讀。每天經過鋪子的人們都會看見紅頭髮的伽利略或埋頭苦讀，或旁若無人的擺弄著一些秤盤、鐵塊等東西的自學身影；由於太認真，他也時常因為聽不見他父親的叫喚或客戶的提問而挨罵。

十七歲那一年，伽利略遵從父親的心願考進了比薩大學醫學系，但他的興趣始終在自然科學上；於是，他一邊動手進行一種測試單擺原理的實驗，一邊花許多時間在圖書館看對自己有用的書。為了弄明白那些他感到好奇並困惑的現象之謎，他也時常向老師提出一些希奇古怪的問題，大學裡的老師因此不喜歡他；然而，有一次上宮廷數學家瑪竇．利奇的課，他的熱情卻打動了講課者，並得到鼓勵，讓他越發刻苦的自學鑽研數學和物理學。

有一次，他站在比薩的天主教堂裡，用右手按左手的脈搏，看著天花板上來回搖擺的燈，一動也不動；儘管燈的擺動越來越弱，每一次擺動的距離漸漸縮短，但每一次搖擺需要的時間卻是一樣的。於是，他做了一個適當長度的擺錘，測量了脈搏的速度和均勻度，由此找到了「擺的規律」。而為了證實這個規律，他又找來長度不同的繩子、鐵鏈、鐵球、木球，分別在屋頂上、樹枝上，一遍又一遍的反覆試驗，並嚴格記下它們的擺動時間。「擺鐘」就是根據他發現的這個規律製造出來的。

因家庭經濟困窘而輟學的他，仍一如往常的勤奮自學，終於在數學研究方面取得優異成績；同時，他還發明了一種比重秤，寫了一篇論文，題目為《固體的重心》。此時，二十一歲的伽利略已經被人們稱為「當代的阿基米德」，並在二十五歲那年被比薩大學破例聘為

數學教授；他對物理規律極為嚴格的論證，更讓他贏得了「古典物理學奠基者」的美譽。

可是，命運之神並沒有因此而眷顧他。一六三七年，晚年的伽利略雙目幾近失明的同時，又失去了他唯一的小女兒。就在如此嚴重的雙重打擊下，他依然沒有失去探索真理的勇氣。一六三八年，他的《關於兩門新科學的討論》在朋友幫助下得以在荷蘭出版；這本書是伽利略長期對物理學研究的總結，也是現代物理的第一部偉大著作。一六四二年一月八日，七十八歲的伽利略停止了呼吸，但他發現的真理卻與世長存。

給小朋友的貼心話

伽利略家境雖然不好，仍因其好學不倦，而在科學方面取得極大成就。由此可見，即使家境貧困，一個人還是能努力求學呵！

天文的立法者——克卜勒

一六三〇年十一月十五日，在德國（當時為普魯士王國）雷根斯堡的一家簡陋的旅館裡，一位年邁瘦弱的老人與世長辭；在他的遺物中，除了一些書籍和手稿外，僅有一些零錢。他就是被後人稱為「天文的立法者」的天文學家約翰尼斯．克卜勒（Johannes Kepler）。

他的人生一開始就似乎蒙上了一層陰影。

一五七一年十二月二十七日，克卜勒出生在德國南部瓦爾城的一個貧民家庭；他是個不足月的早產兒，體質虛弱。四歲時，一場天花差點兒奪去他的性命；之後他又患上猩紅熱，因無錢醫治，他的視力減弱，一隻手半殘。入學後，忍受著貧困與疾病折磨，身殘志堅的克卜勒聰明好學，半工半讀，成績一直名列前茅。

十六歲時進入杜賓根大學的他，受到一位熱心宣傳哥白尼學說的教授影響，成為太陽中心說的擁護者。二十五歲，他寫成《宇宙的奧祕》一書。二十八歲，他以豐富的數學知識為基礎，開始對行星的軌道問題進行探索。當時，丹麥天文學家第谷．布拉赫（Tycho Brahe）正應奧地利國王魯道夫二世的邀請，在布拉格的天文臺工作；克卜勒懷著對第谷的敬意，向他寄出自己的作品《宇宙的奧祕》。

一六〇〇年，克卜勒得到長他二十五歲的第谷邀請合作，來到布拉格。但好景不長，第谷幾年後積勞成疾而去世。為了尊重其遺囑，克卜勒雖遭到第谷親戚嫉妒迫害，仍憑藉著唯一龐雜的觀察紀錄，經過晝夜反覆觀察，終於製成記有一千顆星的星表。

但是，當克卜勒接替第谷出任布拉格天文臺的臺長後，研究條件並沒有改善。除了利用星象變化幫國王占卜吉凶外，他把精力都用在對火星的觀測和研究上。為瞭解行星軌道所描出的曲線

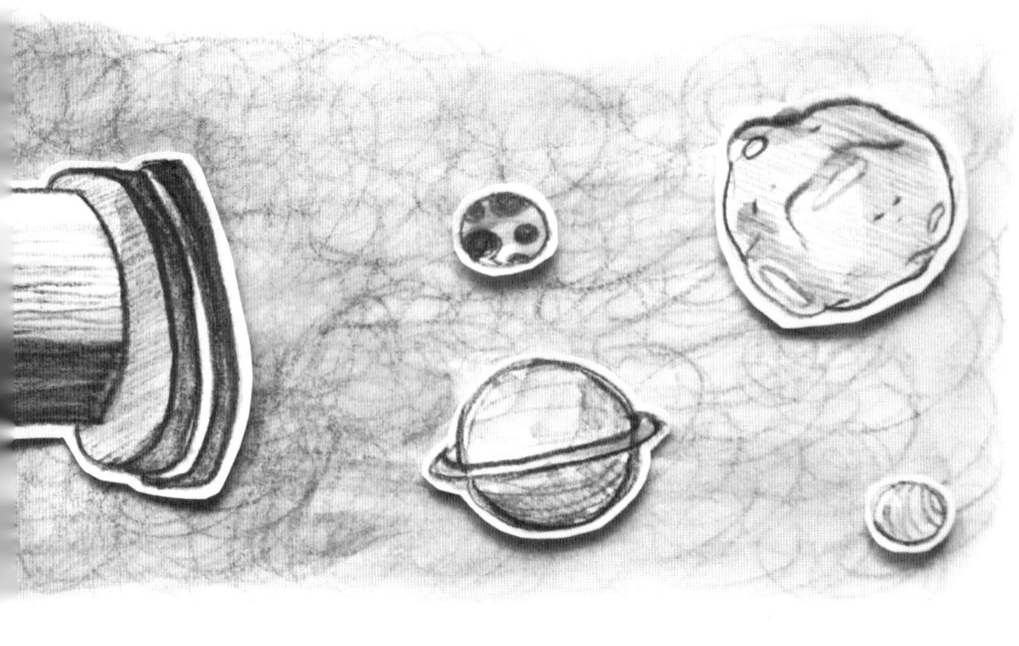

的幾何特徵，必須先對其作某種假設，然後把它應用到一大堆數據上再反覆試算，這是極其艱巨的任務。在大約進行了七十次試探之後，克卜勒總算找到了一個與事實相當符合的數據資料。但是，當他利用資料繼續試探時，卻又發現與第谷的其他資料不符。

毫不氣餒的克卜勒以他驚人的毅力和耐心，頑強苦戰了九年。經過無數次的失敗，先後提出了「焦點定律」、

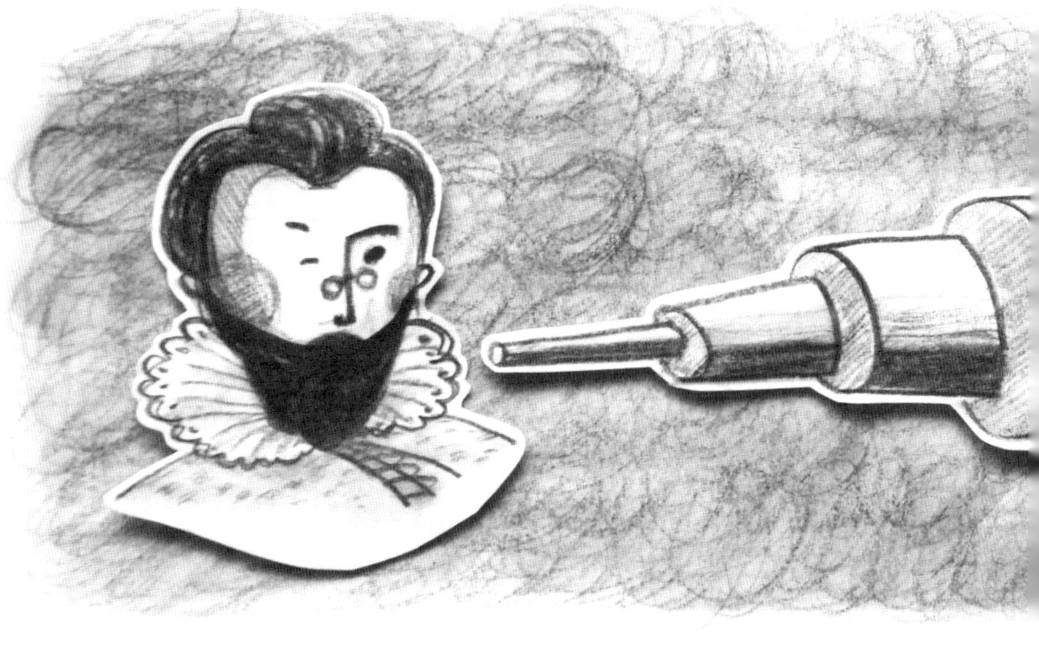

「面積定律」。為探索行星的運轉週期和它們與太陽之間的距離關係，他又埋頭苦戰了十年，終於發現「調和定律」。這就是行星運動規律的克卜勒三大定律。

一六一二年，奧地利國王魯道夫被迫退位，跟著被辭退的克卜勒開始過著顛沛流離的生活。為了繼續完成第谷天文年表的事，他縮衣節食、東挪西借，又奮力掙扎了十幾年後，才使那本精確、為天文研究者所必需、深受航海家歡迎的《魯道夫天文表》公諸世人。然而，這位在天文學領域做出巨大貢獻的老人，卻窮困潦倒、一病不起，在無依無靠中悄然離世。

給小朋友的貼心話

小朋友，為了所喜歡的學問，克卜勒即使生活窮困，仍努力不懈、樂此不疲，你覺得這樣的態度很棒或很傻？跟同學及爸媽討論看看，或許你會有新的想法。

會思考的蘆葦——巴斯卡

法國哲學家、數學家、科學家巴斯卡（Blaise Pascal）於一六二三年六月十九日出生於法國多姆山省奧弗涅地區的克萊蒙費朗城，三歲喪母的他從小體質虛弱，並未受過正規的學校教育；他的父親艾基納是一位數學家和拉丁語學者，在妻子去世後，為了指導巴斯卡的教育，他辭掉了地方法官的職務。

十一歲時，小巴斯卡寫了一篇文章——關於振動與聲音的關係。父親卻擔心這會影響他學習希臘文和拉丁文，因此禁止他在十五歲前學習數學。十二歲那年，父親意外發現巴斯卡用煤在牆上獨立證明三角形各角的和等於兩個一百八十度，才同意他學習歐幾里得幾何。

在父親的精心教育下，巴斯卡獨立發現歐幾里得的前三十二條定理，而且順序也完全正確。當別的孩子正沉浸在追逐和遊戲中時，巴斯卡已通讀並掌握了歐幾里得的《幾何原本》。十六歲時，他發現了著名的巴斯卡六邊形定理；十七歲時，他寫成《圓錐曲線論》；十九歲時，他發明製作了一臺能做加、減運算的手搖計算器。

二十三歲那年的某一天，巴斯卡無意中看見僕人用舊木桶提水進屋時，木桶側壁正往外噴水；他便讓僕人放下木桶，直到桶裡的水流完後，再提水、再觀察。經過了幾天幾夜的觀察，最後他得出結論：

水桶側壁小孔離水面越深，壓力就越大，水流出的速度也就越大。

於是，他又自己設計製作了一個完好的木桶，蓋子密封在桶上，在蓋子的中心開一個小孔；當桶裡灌滿水後，木桶沒有任何異樣。接著，他把一根長長的細鐵管插到木桶的小孔上，並使界面處不漏水，然後從管子上方倒了幾杯水，使管子裡的水面提高好幾公尺；當管內水達到一定高度時，木桶破裂了。就這樣，巴斯卡總結了規律，寫成了論文，就叫「巴斯卡定律」。

之後，巴斯卡又做了很多有關大氣壓力的實驗，並確認真空的存在。當他對真空的推斷引來很多爭議時，已長期受頭痛病折磨的他並未放棄努力鑽研，並在一六五三年出版的《液體之平衡論》中詳細的解釋了他的氣壓理論，成為流體靜力學的第一部經典。

過度的勞累讓原本體弱的巴斯卡更是疾病纏身；在病痛中，他仍夜以繼日的寫成了關於液體平衡、空氣的重量和密度及算術三角形等多篇論文，後一篇論文成為概率論的基礎。當有人建議他把關於旋輪線的研究結果發表出來，病情嚴重的他又開始鑽

研。直到一六五九年八月十九日，他在巨大的病痛中逝世。後人為紀念巴斯卡，用他的名字來命名壓力強度的單位，簡稱「巴」（Pa）。

巴斯卡的傳世名言是「人是會思考的蘆葦」；意思是說，人雖如蘆葦般脆弱，卻因其會思考而偉大。這正可作為巴斯卡一生的寫照。

給小朋友的貼心話

小朋友，你對「人是會思考的蘆葦」這句話有什麼感想呢？孔子也說「學而不思則罔（疑惑）」，可見思考的重要性。想想看，你認為人還像什麼？或是人還能因什麼而偉大呢？

在真理海邊嬉戲的頑童——牛頓

在英格蘭林肯郡一個小村莊的莊園裡，種著一些蘋果樹，午後的陽光暖暖的照著；一位少年捧著書，正躺在蘋果樹下思考：「是什麼力量使月球保持在環繞地球運行的軌道上，以及使行星保持在環繞太陽運行的軌道上呢？」

「啪！」他被這突如其來的聲響嚇了一跳；起身一看，地上躺著一個剛從樹上掉下來的紅蘋果。他闔上書，撿起蘋果，看了又看；「為什麼蘋果只是往地下落，而不是往天上去呢？」他一邊自言自語，一邊又陷入了沉思……這個少年，就是世界知名的傑出科學家：艾薩克·牛頓爵士（Sir Isaac Newton，1643-1727）。

他是一個早產兒，父親在他出生前三個月就去世了，母親隨即改嫁；在十一歲前，他都由外祖母撫養。十二歲時，重新回到母親身邊的牛頓進入了離家不遠的格蘭瑟姆中學。他雖成績平平，卻十分喜愛讀書，即便是枯燥的機械模型製作讀物他也能看上半天；對自然現象也充滿好奇心，顏色的變化、日影四季的移動都能吸引他的注意，包括幾何學、哥白尼的日心（太陽中心）說。他還分門別類的寫讀書筆記，自己動手製作一些小玩意，如風車、木鐘等。但是，他的求學之路並不順利；由於家境不好，他曾退學幫母親幹農活；不過，看到他對學習的熱愛，他的母親還是將他送回學校讀書。

一六六一年六月，牛頓成為劍橋大學三一學院的減費生，藉由為學院做雜務的收入支付學費。他在這裡開始接觸大量的自然科學著作，經常參加學院舉辦的天文、地理等各類講座，在數學方面大都是自學。一六六五年，劍橋大學評議會通過了授予牛頓學士學位的決定。然而，就在他做好了留校工作的準備時，學校卻為了預防倫敦大瘟疫而關閉了；他只能回到家鄉，但並未放棄對科學的研究。

他仔細研讀了大量的天文學和物理學著作，對克卜勒及伽利略的學說都做了深入研究。只顧思考的他常忘了自己正在做的事，比如出門時忘了扣上衣扣、煮蛋時往鍋裡扔懷錶，或忘了招待客人、忘了吃飯……而為了尋找讓他困惑的「蘋果落地」的答案，他對生活中很多現象進行細緻的觀察，即便是孩子們玩的那些扔石頭、放風箏的小遊戲他也不放過。

「究竟是什麼原因使一切物體總是受到朝向地心的吸引呢？」突發奇想的他找來繩子繫住石子，又做起實驗；終於，震驚世界的「萬有引力定律」就這樣被牛頓發現了。為了驗證其正確性，他又反覆進行實驗，直到全世界都知道了「萬有引力」的祕密。

科學研究之路沒有捷徑，牛頓一生的大部分時間都是在實驗室裡度過的，甚至因此終生未娶。他的研究包括力學、光學、數學、熱學、天文學等，幾乎在每個科學領域都做出了重要的貢獻。

即使如此，牛頓在傳記中卻說，自己僅是一個在真理海邊嬉戲的頑童，不時會因發現一片可愛的貝殼而歡喜；然而，他沒有發現的真理寶藏，就像那浩瀚的大海……

給小朋友的貼心話

牛頓對科學的貢獻這麼大，卻說自己只是在真理海邊嬉戲的頑童，可見知識領域之浩瀚！「學海無涯勤是岸」，你也可以在你所喜愛的知識領域裡優遊呵！

捕捉閃電——富蘭克林

「轟隆——轟隆——」窗外的雷電聲驚醒了夜晚熟睡中的人們。當附近一個大教堂被雷電擊中而著火的可怕消息一傳開，驚恐中的人們便徹夜難眠。十八世紀時，雷電被人們認為是上帝的怒吼；不過，是什麼讓上帝如此發怒？誰也答不上來。

富蘭克林（Benjamin Franklin，1706-1790）不相信這些，他立志要做「把上帝和雷電分家的人」。

富蘭克林出生在波士頓的一個貧窮家庭，家境使得富蘭克林十歲時便輟學在家。十二歲時，他開始隨父親學習製造蠟燭，然後又跟哥哥詹姆斯學習印刷；富蘭克林喜愛閱讀，印刷業令富蘭克林接觸到許多新書和新作家。在當印刷工的日子裡，他一邊用心學習印刷技術，一邊廣泛閱讀文史、哲學等書籍，並自學數學和外語，令印刷所裡的人無不對他讚賞有加。

而促使富蘭克林對電學感興趣的是，一位英國學者於一七四六年在波士頓利用玻璃管和儲存靜電的萊頓瓶（Leyden jar）表演了電學實驗。富蘭克林極有興趣的觀看了表演，他的心被深深吸引住了，隨後便開始了電學的研究。

他在家裡做了大量實驗，研究了兩種電荷的性能，說明了電的來源和在物質中存在的現象。在一次試驗中，他的妻子麗德不小心碰到了萊頓瓶，一團電火閃過，麗德被擊中倒地。正是這起意外事件，讓思維敏捷的富蘭克林由此想到空中的雷電。他反覆思考，斷定雷電也是一種放電現象，和實驗室產生的電在本質上是一樣的。這個設想讓他非常興奮，並開始撰寫〈論天空閃電和我們的電氣相同〉論文；不過，認定雷電是上帝發怒的人們則對他的設想冷嘲熱諷。

一七五二年夏天，在一個烏雲密布、電閃雷轟的雷雨天，勇敢的富蘭克林利用風箏取得了雷電，並將它引入萊頓瓶中，然後進行了各種電學實驗；最後，他終於用事實證明天上的雷電與人工摩擦產生的電具有完全相同的性質。

「天上和人間的電是同一種東西」，這一實驗的成功使富蘭克林在全球科學界聲名大噪。不幸的是，一七五三年，一位俄國的著名電學家為了驗證這個實驗，卻被雷電擊中而犧牲了。

生命的代價，使許多人對雷電試驗產生戒心和恐懼；然而，在死亡的威脅面前，執著的富蘭克林沒有退縮。他不分晝夜，潛心研究，經過一次又一次的試驗，他終於製造了一根實用的避雷針。他把幾公尺長的鐵杆，用絕緣材料固定在屋頂，杆上緊拴著一根粗導線，一直通到地裡；當雷電襲擊房子的時候，它就沿著金屬杆通過導線直達大地，令房屋完好無損。

一七五四年，避雷針開始正式使用；有些人卻認為這是違反天意的不祥之物，因而拒絕安裝，有的人甚至在夜裡偷偷把它拆了。然而，一場挾有雷電的風雨過後，沒有安裝避雷針的大教堂著火了，裝有避雷針的高層房屋卻安然無恙。

事實教育了人們。避雷針相繼傳到英國、德國、法國後，很快普及到了全世界，使各地的人們都受益無窮。

給小朋友的貼心話

小朋友，想想看，在你的周遭有哪些「神秘」現象呢？這些現象之謎已經被科學家解開了嗎？仔細研究看看，可不要只是「聽人家說」或從網路看來呵！

發現「會燃燒的空氣」——普利斯特里

一七三三年三月十三日，約瑟夫．普利斯特里（Joseph Priestley）在英格蘭約克郡的一個農莊裡出生。一七三九年，失去母親的他被姑母收養，被送進一所私立學校學習。勤奮好學的他在此期間閱讀了大量書籍，獲得了廣博的知識。

一七六四年，愛丁堡大學授予他法學博士。從此，他開始了科學生涯，著有《電學史》一書。此書出版後，他將自己的興趣由物理轉向化學。

「為什麼放在封閉容器中的小老鼠幾天後就會死去？容器中本來就有空氣啊……」思考中的普利斯特里，想起曾在啤酒廠發現一種能使燃燒的木條立刻熄滅的空氣，那種空氣就存在於發酵車間內盛啤酒的大桶裡；因此，他懷疑是不是存在著好多種空氣。為了找出事實，普利斯特里總是埋頭待在實驗室進行各種實驗。

當他點燃一根蠟燭，把它放到預先放有小老鼠的玻璃容器中，然後蓋緊容器；他發現，蠟燭燃燒一陣子之後就熄滅，小老鼠也很快就死了。這讓普利斯特里意識到，空氣中大概存在著一種經燃燒就會使空氣受汙染的東西。那麼，能否把受汙染的空氣加以淨化，使它又成為可供呼吸的空氣呢？為此，普利斯特里做了新的實驗：他用水洗滌受汙染的空氣，卻發現水只能淨化一部分；另一部分未被淨化的空氣，還是不能供呼吸之用。

他對氣體的研究是頗有成效的。他利用製得的氫氣研究該氣體對各種金屬氧化物的作用。他將木炭置於密閉的容器中燃燒，發現能使五分之一

的空氣變成二氧化碳；用石灰水吸收後，剩下的氣體不助燃也不助呼吸。深信「燃素說」的普利斯特里，將這種剩下來的氣體命名為「被燃素飽和了的空氣」；顯然，他用木炭燃燒和鹼液吸收的方法除去空氣中的氧和二氧化碳，製出了氮氣。此外，他發現了氧化氮，並用於空氣的分析上；此外，他還發現、研究了氯化氫、氨氣、亞硫酸氣體、氧化二氮、氧氣等多種氣體。他將每一項試驗的內容、各種氣體的製備或性質都做了詳盡的記錄。

一七六六年，普利斯特里的《幾種氣體的實驗和觀察》三卷本出版，他也因此享有「氣體之父」的美名。在他的研究中，最重要的是他對氧的發現。

一七七四年八月一日，普利斯特里在用凸透鏡聚光加熱氧化汞時，發現了氧氣，並用實驗證明了氧氣有助燃和助呼吸的性質。然而，由於他是個頑固的燃素說信徒，始終認為空氣是單一的氣體，便將此氣體命名為「脫燃素空氣」。儘管普利斯特里未給他的這項發現冠以「氧氣」之名，但他所發現的氧氣，是後來化學蓬勃發展的一個重要因素。因此，一直堅持燃素說的普利斯特里仍受到各國化學研究家的敬重。

在法國大革命時期，支持革命的普利斯特里受到迫害，使他不得已於一七九四年移居美國，成為美國公民，並在賓州大學擔任化學教授，於一八〇四年二月六日去世。

給小朋友的貼心話

小朋友，我們雖然看不見空氣，空氣對我們來說卻很重要。留心你身邊的事物，對於不明白的地方用心研究與思考，說不定小事物會有大發現呵！

推動工業革命的強大力量——瓦特

詹姆斯·瓦特（James Watt，1736-1819）出生於英國蘇格蘭格拉斯哥附近、格林諾克鎮的一個木匠家裡。雖然因為家窮，沒錢供他上學；但是小瓦特受到父親影響，愛上了幾何學，經常自己動手做一些小製作。

有一次，當小瓦特看見水壺中的蒸汽掀動壺蓋的現象，好奇的他連忙用一塊布把壺嘴堵死，結果水蒸汽把壺蓋衝開了。這次經歷激發了小瓦特做實驗的興趣。

一七三五年，十七歲的瓦特學習了精密機械這行後，在格拉斯哥一家鐘錶店當學徒，並自學光學和力學。多年後，他到倫敦投身著名的數學儀器製造商摩根門下學習手藝；在那裡，虛心好學的他掌握了精湛的技術。一八五七年，在格拉斯哥大學的但克教授推薦下，他到了大學裡的附屬工廠當修理工。技術純熟、工作認真負責的瓦特很快就獲得了大學機械師職務，並有了一個設備齊全的物理研究室。

一七六四年，一直對改良蒸汽機很有興趣的瓦特，接到校方交給他修理一臺紐可門蒸汽機的任務。經過一番研究後他發現，缸體隨著蒸汽每次熱了又冷、冷了又熱，白白浪費了許多熱量；能不能讓它一直保持不冷而活塞又照常工作呢？為此，瓦特想盡辦法籌錢租了一個地窖，收集了幾臺報廢的蒸汽機，決心要造出一臺新式機器。從此，他整日擺弄這些機器。

兩年後，新樣機總算出來了；可是，一點火汽缸就到處漏氣。瓦特想盡辦法，像是用毯子包、用油布裹……幾個月過去了，卻還是改善不了。

有一天，瓦特又趴到汽缸前觀察漏氣的原因，一股熱氣忽然沖出，熏得他的右肩上像被鋼刀削過一樣紅腫。他顧不得處理傷口，急著將過去的資料重新翻閱一番，又忙了起來，累了就燒一壺水喝。在喝茶時讓他想到：茶水要涼，就先倒在杯裡；蒸汽要冷，何不也把它從汽缸裡「倒」出來呢？於是，瓦特立即設計了一個和汽缸分開的冷凝器。這下子，熱效率提高了三倍，用的煤卻只有原來的四分之一。

突破了關鍵，瓦特又來到大學裡向教授請教；這一次，他結識了發明鏜床的威爾金技師。這位技師立即用鏜炮筒的方法製作了汽缸和活塞，解決了讓瓦特最頭疼的漏氣問題，也促使瓦特研製出一臺裝有分離冷凝器的單動式蒸汽機。

一七八四年，瓦特又發明了一

種連動裝置的蒸汽機——他在蒸汽機裡裝上曲軸、飛輪，活塞可以靠從兩邊進來的蒸汽連續推動，不必用人力去調節活門。就這樣，世界上第一臺真正的蒸汽機誕生了。一七八五年，瓦特的合作者默多克設計了蒸汽機的分配缸，這臺蒸汽機很快的成為工業上廣泛使用的蒸汽機。

瓦特蒸汽機的廣泛使用，推動了當時正在蓬勃興起的英國工業革命，也促使世界工業進入了所謂的蒸汽時代。由於瓦特在科技史上、在英國工業革命中以及人類工業化進程中所作出的巨大貢獻，後人便將物理學中功率的單位稱為「瓦特」（符號：W）。

給小朋友的貼心話

小朋友，你看過水燒開時所冒出的蒸汽嗎？想不到，這「小小的」蒸汽竟然會成為推動工業革命的巨大力量呢！再加上瓦特的用心觀察及改良，才讓蒸汽機得以廣泛運用。多觀察、多動腦，你可能就是未來的發明家！

由妹妹餵飯吃的科學家——赫歇爾

威廉·赫歇爾（Frederick William Herschel，1738-1822），出生在德國漢諾威，父親是漢諾威近衛步兵連軍樂隊隊員。十六歲時，輟學的威廉子承父業，進入軍樂團吹雙簧管。一七五六年，英法間爆發「七年戰爭」，威廉離開了軍樂團，於一七五七年遷往英國，當過各種職務的樂師，一七六六年被聘為巴斯大教堂的管風琴師。一七七二年，比他小十二歲的妹妹卡洛琳來和他同住，擔任他的管家。

星空的美妙，宇宙的神祕，永遠激盪著人類的心靈，也早在威廉年少的心靈埋下了種子。

離開了軍樂團後，白天，他從事音樂；晚間，他就借別人的小型望遠鏡觀看星空。但是，小型望遠鏡滿足不了他對星空的探索，他又沒有錢去購置高昂的大口徑望遠鏡；於是，他下定決心，要憑著自己的智慧和雙手自行設計和建造望遠鏡。

這是一項極為枯燥的勞力工作，還需要極其專注的智慧。赫歇爾

利用業餘的所有時間不斷試驗、失敗、再試驗；他選用不同配方的銅銻鎳合金為鏡胚，研磨、斷裂、再研磨。他要把一塊堅硬的材料磨成極其光潔的凹面鏡，其表面的誤差比髮絲還要細上許多倍；在這中間不能停頓，赫歇爾經常要連續磨上十幾個小時，掌心和指間磨出血泡是常事。用餐時，就經常由他妹妹一口一口、小心翼翼的餵他吃……

經過幾百個日夜煎熬，一七七四年三月，在妹妹卡洛琳的協助下，威廉自行設計和建造的第一架口徑約為十二點七公分、焦距約為一點七公尺的反射望遠鏡誕生了；這項成功，更激發了威廉的研究熱情。在一七七六年裡，他便建成了三架自用的望遠鏡，最長的為六公尺，連他自己想要隨心所欲的使用都很難。

機遇只青睞有準備的人。一七八一年，威廉用焦距為二點一公尺左右的望遠鏡發現了至少十九次從天文學家的銳眼中逃脫的天王星，它是天文學家用望遠鏡探測到的太陽系中的第一顆新行星。它與太陽的距離是日地距離的十九倍，平均視亮度五點五星等，肉眼勉強可見。為了讓自己的視力到達銀河系邊緣，赫歇爾決心研製威力更大的儀器。

不過，當地鑄造廠已無法提供口徑超過三十公分的金屬鏡胚了，他就在自家的地下室砌築冶煉爐灶，熔鍛合金材料，不斷的失敗再重來，終於澆鑄出大鏡胚。一七八一年，威廉建成焦距約九點一公尺的望遠鏡，鏡面口徑約為九十一公分，兩年後又配上口徑約一點二公尺的巨型反射鏡片；這是威廉研製的望遠鏡之最，也是當時的世界之最。

一七八二年，他因天文學上的成就，被英王喬治三世任命為皇家天文官。由他自己研製的「武器」，正是他超越別人作出偉大發現的雄厚資本。

給小朋友的貼心話

赫歇爾的成功並非偶然，也不是因為幸運；「機遇只青睞有準備的人」，如果沒有持續的努力，再美好的理想也只是「夢想」而已！

潛進水底世界——布什內爾

一七七五年，北美獨立戰爭爆發。在華盛頓領導下，美國人民紛紛拿起武器和英軍展開戰鬥，將英軍從陸地趕到海上；但是，英國糾集了大批戰艦輪番轟炸，還是讓美軍難以招架。

美軍士兵中，有個眼睛炯炯發亮的年輕人叫大衛．布什內爾（David Bushnell，1740－1824），他一直在苦思能對付敵艦卻又不會被發現的辦法。

有一天，布什內爾和戰友們坐在海邊的礁石上，大家都望著遠處的海面感慨，只有布什內爾沉默著。就在他收回目光看著眼前清晰可見的水底時，突然發現一條大魚正悄悄潛伏到水下；猛然間，牠躍身將一條小魚咬入嘴中，嚇得別的小魚四處逃竄。

「這不正是我要找的對付敵艦的潛伏突擊之法嗎？」布什內爾興奮的大喊。

原來，他從剛才那一幕得到了啟示：只有研發、製造像大魚般可以潛到水底的船，然後在船上裝上水雷，在神不知、鬼不覺中悄悄鑽入英軍戰艦底下，再想辦法裝上水雷、引爆，這樣就可以把英軍戰艦炸飛了。

布什內爾的這個創意得到了大家的一致贊許，隨即向最高上司華盛頓報告，布什內爾很快的被委以打造潛艇的重任。

要想讓原本只會浮在水面上的船可以安然無恙的沉到水底，還要像魚一樣可以自由浮沉；布什內爾想到，必須先為船仿造一個「鰾」，這樣就能解決船隻浮而不沉的難題了。

在布什內爾的帶領下，大家開始著手找材料，有高度責任感的布什內爾更是不分白天黑夜的加緊設計。他們在船的底部裝上了一個類似魚鰾的水艙，水艙內安有兩個水泵；船要下沉時，就往艙裡灌水；船要上浮時，就把空氣壓進水艙，將艙裡的水排出。他們又在船外部安裝了兩個螺旋槳，操縱船的進退和升降；並在尾部裝上了舵，用來控制航向。

就這樣，因外形像海龜而被命名為「海龜號」的潛艇終於研製成功。它能在水下六公尺深處停留三十分鐘；艇外攜一個能定時引爆的水雷，可在艇內操縱、將其放於敵艦底部。經過多次反覆試驗後，海龜號終於開始執行任務。

一七七六年九月的一個深夜，布什內爾駕著海龜號偷襲停泊在紐約港的英國軍艦「鷹」號。就在海龜號潛到敵艦底部時，布什內爾本想用海龜號頂部的鑽杆鑽穿敵艦，然後放置水雷；沒想到，敵艦底部包了厚厚的金屬，怎麼也鑽不進去。眼看時間一分一秒的過去，布什內爾在船艙外的水裡實在憋不住了，當他上來換氣時便被敵軍發現，馬上槍聲四起。在這緊要關頭，布什內爾急中生智，解下備用水雷，點著引線，向敵艦丟過去，他自己則快速鑽回海龜號內。英軍還不知道是怎麼回事，海龜號已載著他們潛入水中。英軍根本不知道那是什麼怪物，只聽到離艦旁不遠處轟隆一聲巨響，水花四濺。

海龜號初戰並不算成功，卻有效的打擊了英軍的銳氣。布什內爾發明的海龜號，便在科學家們的持續改進中，製成了新的神祕武器——潛水艇，在海戰中大顯神威。

給小朋友的貼心話

所謂「需要為發明之母」。小朋友，觀察一下你身邊的各種電器與用品，是為了人類的什麼需求而發明的呢？想想看，你覺得生活中還有什麼不方便的地方，你可以如何解決呢？

世界第一艘輪船——富爾頓

早在幾千年前，人類就用巨大的樹木製成了獨木船；但是，之後創造出的船隻都還是要依靠人力和風力才能行駛。一七六九年，瓦特蒸汽機的發明，促使科學家開始研究如何將蒸汽機用於推動船舶航行；最終，由美國發明家富爾頓（Robert Fulton，1765-1815）取得成功。他於一八〇七年發明了新型水上運輸工具——輪船，從此展開人類水上航行的機械化時代。

富爾頓生於美國賓州蘭卡斯特的一個貧困農家。九歲才入學的他是個聰明十足的淘氣包。有一天，他瞞著大人，獨自坐上一條小木船去玩；正在划行時，迎面吹來一陣大風，任憑他再努力划動雙槳也無法前進。「有沒有逆著風也能航行的辦法呢？」富爾頓索性放開木槳，專注的思考。

不一會兒，風停了，小船卻在富爾頓垂泡在水裡的雙腳晃蕩下蕩到了河中央。「為什麼兩隻腳在水裡不停晃動就能使船前進呢？如果在船上裝一個風車似的槳葉在輪子上，不斷的轉動拍擊河水，不是也能讓船前進嗎？」「要怎樣才能使畫上的槳葉輪變成現實的槳葉輪呢？」富爾頓這時才感覺到自己的知識太不夠用了。從此，他徹底改掉了貪玩的個性，奮發學習。

富爾頓於十七歲時到費城學繪畫，並在一家機器製造工廠裡作機械製圖工作；隨著年齡的增長，造船的幻想越來越占據了他的心靈。二十二歲時，富爾頓在一次生日宴會上結識了蒸汽機發明家瓦特和其他幾位機械發明家，通過他們瞭解了蒸汽機的原理和作用，使他對機械技術產生了興趣。

為了研製當時美國水運交通迫切需要的輪船，從一七九三年到一八〇七年的十多年間，富爾頓邊自學、邊試驗，展開艱辛的創造過程。在他以前，有人試製過蒸汽動力船，但沒有成功；富爾頓研究了前人失敗的原因，從模型試驗到設計製造，前後經過九年的艱苦努力，終於在一八〇三年造成了第一艘輪船。

不過，當輪船在法國的塞納河試航時，卻被一場狂風暴雨摧毀了。勇敢的富爾頓並沒有灰心喪氣。一八○六年，他回到美國，研究及分析了失敗原因後，又開始了新的造船工作。他十分注意機器和船的配合，盡可能採用當時最先進的機器設備，終於發明了世界上第一艘以蒸汽機為動力的

「克萊蒙特號」輪船，並於一八〇七年八月十七日在紐約哈得遜河試航，航速達每小時四公里。第二年，富爾頓又建造了兩艘輪船，使輪船達到了實際應用水準。此後，他繼續改進，使輪船的航速達到每小時六至八公里。

富爾頓不僅發明、製造了輪船，而且親自參加製造了十七艘，在人類水運史上揭開新頁，為世界人類航海事業的發展作出了卓越貢獻。儘管在富爾頓之前製造輪船的人算起來不下十人，全世界卻公認輪船的發明人是富爾頓。

給小朋友的貼心話

在富爾頓製作出世界第一艘輪船之前，已有不少人進行這項研究工作；富爾頓學而知不足，努力求知，才能在前人的研究成果上繼續發展，終於取得成功。小朋友，我們讀書也是如此，學習前人的經驗與知識，才能創造出新的東西呵！

無遠弗屆的電報——摩斯

一八三二年秋天，在大西洋中航行的一艘輪船上，美國醫生傑克遜正在講電磁鐵原理，藉以打發時間。從法國返回美國的四十一歲畫家摩斯（Samuel Morse，1791-1872）也是聽眾之一，並被深深吸引了。

他聯想起自己所看過的法國信號機體系，每次只能憑視力所及傳訊數英里而已；若能用電流傳輸電磁訊號，不就可以在瞬間把消息傳送至數千英里嗎？有了這個想法的摩斯，毅然改行投身到了電學研究的領域。

生在美國牧師家庭的摩斯，於一八一〇年畢業於耶魯大學。青年時期，摩斯的興趣一直在研究繪畫和雕刻上，曾在一些藝術團體中擔任負責人。可是，就在他的藝術之路綻放光彩時，他卻甘願冒著失敗的風險，轉向他之前毫不在行的電學。

科學之路本就不可能是一帆風順的坦途，對於原本就外行的摩斯來說更是不易；對電學知識一無所知的他開始閱讀大量相關書籍，並向一些專業人士請教。在退出藝術圈並試製電報機的過程中，摩斯的生活極其艱苦。為了節省更多錢來購置實驗用具，他縮衣節食，連理髮的錢都捨不得花；有時肚子餓得咕咕叫，他也只得嚥嚥口水，埋頭熬過去。

後來，窮困潦倒的摩斯不得不重操舊業來解決生計問題；然而，即使被藝術圈裡的人嘲笑是「藝術家中最貧窮的科學家」時，他也始終沒有中斷他的研究工作。

「在電線中流動的電流，在電線突然截止時會迸出火花」，這一現象讓他得到啟發：電流只要停止片刻，就會出現火花；沒有火花出現是另一種符號，沒有火花的時間長度又是一種符號；這三種符號如果組合起來代表數位和字母，就可以藉由導線來傳遞文字了。這個設想讓摩斯感到興奮。生活稍微好些時，他又開始全心全意的投入電學的研究實驗中。

經過幾年的琢磨之後，一八三七年，摩斯終於設計出著名且簡單的電碼——「摩斯電碼」（Morse Code），它是利用「點」、「劃」和「間隔」——實際上就是時間長短不一的電脈衝信號——的不同組合，來表示字母、數位、標點和符號。

一八四四年五月二十四日，在華盛頓國會大廈聯邦最高法院會議廳裡，一批知名的科學家和政府官員聚精會神的注視著摩斯。只見他親手操縱電報機，隨著一連串「點」、「劃」信號的發出，遠在六十四公里外的巴爾的摩收到由「滴」、「嗒」聲組成的世界上第一份電報，內容是《聖經》上的語句：「上帝創造了何等的奇蹟！」在自己堅持不懈的努力和友人的幫助下，摩斯終於獲得成功。

電報的發明不只打開通訊的大門，對其他科學也有所幫助。例如，為各地氣象資料的迅速傳遞和彙集提供了條件，使繪製當日天氣圖成為可能；甚至大大影響金融市場，提升美國華爾街證券市場的影響力，使紐約確立了作為美國金融中心的地位。

給小朋友的貼心話

專長原為藝術的摩斯，為了自己的理想，竟然能跨入不熟悉的科學領域，即使生活貧困也毫不氣餒，終於在科學史上留名。這樣的勇氣與堅持，實在令人敬佩！

探索演化的秘密——達爾文

一八三一年十二月二十七日，在英國德文港，英國海軍勘測艦貝格爾號呼嘯著啟航了。在植物學家亨斯洛教授的推薦下，作為自願擔任船上自然科學家的達爾文（Charles Darwin，1809-1882）激動的與家人揮手告別。

船才剛離開碼頭，便遭遇了狂風巨浪；船員們眼見身體單薄的達爾文在搖晃中嘔吐不止，都為他擔憂，他卻依然表情堅定。

出生在英國舒茲伯里的達爾文，八歲喪母，他的父親羅伯特·達爾文是一位醫術精湛的醫學博士。儘管達爾文從小就對博物學很感興趣，並蒐集各種礦石和動植物標本，他還是先後被父親送進醫學院和神學院讀書；不過，這並沒有降低他對博物學的熱情。有一次，為了騰出手抓第三隻外型特別的甲蟲，他竟把其中一隻甲蟲含在嘴裡；結果，甲蟲排出的毒液將他的嘴灼得又麻又痛。後來，他選修了亨斯洛教授的植物學課，閱讀到了洪堡的《南美旅行記》和約翰．赫歇耳的《自然哲學的初步研究》，更激發了他對自然科學的熱情。

當考察隊來到佛德角群島的主島聖地牙哥島時，四周一片荒涼；受火山爆發和炎熱氣候的影響，這裡只有由火山岩和含有貝類的白色岩石等凝固所形成的玄武岩塊，像階梯一樣堆疊著。白天，達爾文背著背包，帶上工具，到處攀爬，採集岩石標本，即使手上磨出了血泡也不捨得停下；晚上，他顧不得休息，將蒐集的石塊貼上標籤，並將它們周圍的環境都詳細的記錄下來。在他看來，每層石頭裡都有不同時代的貝殼和海生動物的遺骨，表示不同年代生活著不同的生物。

航行考察途中，他在海邊抓過能殺死鯊魚的小虎魚；他認真觀察過雌鴕鳥因擔心高溫使鴕鳥蛋變壞，而集體一起下蛋後由雄鴕鳥去孵化來保證繁殖的祕密；他也曾在一個乾旱的島上發現了體形巨大、會找水源及儲存水的大海龜……當考察隊到達巴西時，他又踏進荒無人煙、荊棘遍野的熱帶森林，勇敢的穿行於毒蛇猛獸的出沒之地。世界各地氣候溫差極大，經受著烈日、嚴寒、狂風、暴雨和疾病考驗的他始終沒有退縮。他在攀登過陡峭的有貝殼化石的安地斯山脈後，又在海邊的古動物屍骨坑裡發掘出九種世界上已經消失的古動物遺骨；這些都幫助他對於生物的誕生、物種的演變有更全面的思考。

一八三五年九月，他在加拉帕戈斯群島採集了

一百九十三種植物的標本，又分別從每個島嶼上抓來形態不同的「反舌鳥」，並做了仔細的分類，然後開始研究同一物種卻形態各異的原因。

經歷五年堅持不懈的環球考察，達爾文終於找到了生物發展及變化的規律。一八三六年十月，結束了環球考察的他將蒐集的所有標本運回英國，開始了長達二十年之久的研究；並在閱讀了大量有關生物的書籍後，終於在一八五九年寫出了具有劃時代意義的巨著《物種源始》（*On the Origin of Species*），為人類文明的發展做出巨大貢獻。

給小朋友的貼心話

有時，大人們眼中所謂的「遊手好閒」、「不務正業」並非都是正確的；如果你對自己的興趣，也能像達爾文對於生物學那般堅持與投入，你在自己的興趣領域上也可能取得耀眼的成就呵！

自學成才的物理學宗——焦耳

出生於英國曼徹斯特近郊的詹姆斯．焦耳（James Prescott Joule，1818-1889）從小就是一個物理實驗迷，他的父親是一個釀酒廠廠主。小焦耳並沒有像同齡的孩子一樣去上學；由於體弱，他十五歲以前一邊跟著父親學釀酒，一邊自學物理和化學。

有一次，焦耳和哥哥一起到郊外遊玩；正玩得起勁的時候，焦耳突然想起了他的物理實驗。他找了一匹瘸腿的馬，由他哥哥牽著，自己則悄悄躲在後面用電池將電流通到馬身上，他想觀察動物在受到電流刺激後的反應。只見馬兒被電擊後便狂跳起來，差一點兒把哥哥踢倒了。

才過了一會兒，愛做實驗的小焦耳又扛著火槍，鼓動哥哥和他一起划船來到一個群山環繞的湖上，他要試試在這裡的回聲有多大。他們在火槍裡塞滿火藥，然後扣動扳機；誰知砰的一聲，長長的火苗從槍口噴發出來，燒掉了焦耳的眉毛，還險些讓他們掉到水裡。

才剛上岸，只見電光閃閃，然後就聽到轟隆隆的打雷聲。焦耳發現雷聲總在閃電後；他顧不得躲雨，奮力爬上一個小山頭，用懷錶認真記錄下每次閃電到雷鳴之間相隔的時間，回家後便翻閱資料，知道原來光和聲音的傳播速度不同。

青年時期的焦耳認識了著名的化學家道爾頓。焦耳虛心好學，道爾頓也熱心的予以指導；不但傳授他數學、哲學、化學領域的知識，還教導他理論與實踐相結合的科學研究方法。在道爾頓的鼓勵下，下定決心要從事科學研究的焦耳，展開了電學和磁學方面的研究。

一八三七年，焦耳組裝了用電池驅動的電磁機，並發表關於這方面的論文而引起人們注意。一八四〇年，焦耳把環形線圈放入裝水的試管內，測量不同電流強度和電阻時的水溫。十二月，焦耳在英國皇家學會上宣讀了關於電流生熱的論文，提出電流通過導體產生熱量，通電導體所發出的熱量與電流強度、導體電阻和通電時間的關係（即焦耳定律）。

一八四三年，在考爾克的一次學術報告會上，焦耳作了名為《論磁電的熱效應和熱的機械值》的報告，提出熱量與機械功之間存在著恆定的比例關係，並測得熱功當量值為一千卡熱量相當於四百六十千克／公尺的機械功；不過，這一結論卻遭到當時許多物理學家的反對。為此，焦耳以極大的毅力，採用不同的方

法，長時間的反覆進行實驗。

一八四七年，焦耳精心設計了一個著名的熱功當量測定裝置：用下降重物帶動葉槳旋轉的方法，攪拌水或其他液體產生熱量；他以各種不同的液體油代替水做實驗，並不斷改進實驗方法。

一八五〇年，在人們的讚歎聲中，三十二歲的焦耳憑藉他在物理學上的重要貢獻，成為英國皇家學會會員。

直到一八七八年退休前，焦耳用盡各種方法，反覆做了四百多次實驗。他以驚人的耐力、超常的膽識和高度的技巧，在當時極有限的實驗條件下，測得的熱功當量值能在幾十年時間裡並沒有太大的出入，這在物理學史上也是空前的。

給小朋友的貼心話

任何成就都需要長久的努力耕耘。直到退休前，焦耳還不斷的實驗，以證明他的理論是正確的。小朋友，在你成長的過程中，也試著體會或尋找自己能夠長久投入的興趣或志向吧！

炸藥所帶來的貢獻——諾貝爾

一八三三年，諾貝爾（Alfred Bernhard Nobel，1833-1896）在瑞典首都斯德哥爾摩誕生。他的父親伊曼紐爾・諾貝爾是位擁有大型機械工廠的發明家。從小就耳濡目染、打下了工程學基礎的諾貝爾，在父親的影響下也走上了發明之路。

從法國和美國深造回國後，諾貝爾開始從事化學研究工作；他與父親一起在斯德哥爾摩市郊建立試驗室，研究安全炸藥。

不幸的是，一八六四年九月，他們進行硝化甘油的研究實驗時，發生了爆炸事故，諾貝爾最小的弟弟和另四名助手倒在血泊中；難以承受喪子之痛的父親，不久後也去世了。諾貝爾承受著失去親人的痛苦和左鄰右舍的控告，又被政府下令不准他在市內進行實驗。

諾貝爾只得將實驗室搬到市郊湖中的一艘船上。為降低搬動硝化甘油時的危險發生率，他廢寢忘食的尋求解決方法。一八六五年，經過長期的研究，他終於發現了一種非常容易引起爆炸的物質——雷酸汞，也因而發明了雷管，成功的解決了炸藥的引爆問題。

歐洲當時有許多國家正處於工業革命的高潮，許多領域都需要大量的強力炸藥，諾貝爾研製的硝化甘油炸藥因而受到歡迎，並在瑞典建立世界第一座硝化甘油工廠。但好景不長；由於運輸人員和用戶對炸藥的安全問題認識不足，致使爆炸事故發生頻繁；於是，各國先後下令禁止運輸諾貝爾的炸藥，並揚言要追究法律責任。在嚴峻的考驗面前，諾貝爾開始全力以赴的研究安全炸藥。為了便於運輸和安全，他尋找能將液體的硝化甘油吸入製成固體的方法，利用紙、煤、木炭粉等各種東西做過實驗。

一八六七年的某一天，在運送裝在鐵盒子裡的硝化甘油時，諾貝爾有了意外的發現。儘管鐵盒子被擺放在填塞著防晃的矽藻土的木箱子裡，還是有一個盒子發生了破漏，流出來的硝化甘油全部被下面的矽藻土吸入。「這不正是我要尋求的方法嗎！」興奮的諾貝爾很快的配好了一袋滲入硝化甘油的矽藻土用於爆炸實驗；結果，實驗出乎意料的成功。經過大量實驗後，一種被稱為「黃色炸藥」的安全炸藥終於研製成功。這項重大發明使諾貝爾重新獲得了信譽，炸藥工業也隨之快速發展。

之後，諾貝爾又展開舊式炸藥的改良和新式炸藥的生產研究；兩年後，一種以火藥棉和硝化甘油混合的新型膠質炸藥研製成功。它不僅有高度的爆炸

力，而且更加安全，可以在熱輥子間碾壓，也可以在熱氣下壓製成條繩狀。膠質炸藥的發明在科技界受到了普遍重視。當諾貝爾獲知無煙火藥的優越性後，又馬不停蹄的研製出了新型的無煙火藥。

諾貝爾一生的發明極多，獲得的專利有兩百五十五種，其中僅炸藥就達一百二十九種。他一生的大部分時間都在忍受著疾病的折磨；甚至在他生命垂危之際，仍念念不忘新型炸藥的研究。

給小朋友的貼心話

「諾貝爾獎」已經成為最高學術榮譽的代名詞，都是因諾貝爾將其獲得的財富成立基金，造福了後人。想想看，如果是你設立獎金，你會獎勵哪些對於人類有益的項目呢？

與鈕扣的戰爭——賈德森

一九八六年，美國著名雜誌《科學世界》舉行由讀者投票選出二十世紀對人類生活影響最大的十大發明，小小的「拉鏈」榮登榜首；其實，這項發明是在獲得專利的三十年後，才以「拉鏈」（zipper）之名暢銷世界。

在拉鏈之前，鈕扣是人們用來紮衣的寵兒。鈕扣是在十五世紀後才從中國傳到歐洲；至於拉鏈，則是由美國芝加哥的一位機械師賈德森（Whitcomb L. Judson，1846-1909）發明的。

愛穿長統靴的他常常被長靴上那滿滿的鈕扣環弄得頭痛不已。「難道沒有一種新的封口法能替代它嗎？」賈德森總忍不住這麼想。

有一天，賈德森踩著他的長統靴走過街角時，突然從轉角處竄出一隻大狗，張著大口對賈德森狂叫。就在賈德森準備繞道躲開牠時，無意中注意到大狗嘴裡那排交錯整齊的牙齒，他突發奇想：「只要發明類似牙齒的東西，使兩塊衣料相互咬緊，不就能替代鈕扣的功能了嗎？」

這一年是一八九一年，賈德森著手開始設計鏈條。通過反覆的思考和修改，他最後將設計鎖定為：每條鏈條上裝有交錯齒狀的鉤子和鏈環，再用一個鐵製的滑片與鉤環連接；當滑片在鏈條上滑動時，鏈條上的鉤子和另一鏈條上的鏈環就咬合在一起，使鉤子與鏈環一個個依次扣緊，反向拉動滑片則使鉤子與鏈環脫開。有了雛型後，當他將這種原始的拉鏈送到芝加哥世界博覽會上展出時，引來不少人圍觀，人們不約而同的將這項發明稱為「可移動的扣子」，並讓他取得了專利。

起初，「可移動的扣子」只作為「鞋用扣鎖」裝在鞋子上。由於是手工製作，除了價格高之外，品質也粗糙，又老是有脫鉤、卡住或裂開等現象；因此，「可移動的扣子」上市後，並沒有受到大眾歡迎。

賈德森並不氣餒，他一次又一次的對它進行改良；只是，經過幾番改進之後，還是沒有很好的解決它會突然綳開的問題，鈕扣依然占據著「寵兒」的地位。雖然如此，賈德森仍堅持改進了十多年。

某一天，賈德森突然從電話本中翻出朋友華克的電話；於是，他決定去找擔任律師兼國民警衛軍上校的華克幫忙。

慧眼識英雄的華克聽完賈德森介紹「可移動的扣子」的優缺點之

後，瞭解了他的來意，他認定這是一項會對人們的生活產生巨大影響的偉大發明。於是，他們決定由華克出資、賈德森投入技術，一起共同對「可移動的扣子」進行改良。

一九〇五年，「可移動的扣子」的製造機器開始運轉，生產出第一批「可移動的扣子」；儘管當時生產出來的產品還不夠理想，它仍在人們的不斷研究中繼續得到改良。之後，它在瑞典裔美國人森貝克（Gideon Sundback）的研究改良下，有了「無齒扣件」。一九一三年，森貝克把金屬鎖齒附在一個靈活的軸上，每一個齒都是一個小型的鉤；這種無齒扣件很牢固，成為一種可靠的商品，一直沿用到今天，也有了一個好聽的名字：拉鏈。

給小朋友的貼心話

「小小的」發明也會對人類生活造成重大影響！正如「小小的」拉鏈一般。小朋友，想想看，你覺得生活上有哪些「小事」還不夠方便？用心思考，說不定你就會有大發明呵！

獲得諾貝爾獎的送奶人——凡特何夫

深冬清晨，寒氣逼人。在德國柏林郊區的一條大街上，一個五十來歲的送奶人駕著馬車飛馳而過；多年來，無論颳風下雪，他都會準時出現在這一帶居民的家門口。

不過，一九〇一年的某個清晨，住在這條街上的著名女畫家芙麗莎．班諾，聽到馬蹄聲時便衝出門去；她顧不得接過送奶人手中的牛奶，就一手抓住送奶人的衣袖說：「先生，請原諒我一而再的提出要為您畫一張素描像的請求；您今天若能答應我，日後您便不用再為此事為難了！」

「感謝您的好意，但我不能為了答應您的請求而耽誤了送牛奶的時間；您也不想讓大家餓著肚皮去上班吧？」

聽到送奶人的理由，畫家班諾堅定的說：「我很清楚時間對您的意義，正如我清楚您是一個化學實驗迷；但是，親愛的教授，我早已做好了準備，我會儘量不耽擱您的時間。」

看到這位女畫家並沒有要鬆手的意思，送奶人只好讓她畫素描像。正是這張和首屆諾貝爾化學獎放在一起、出現在第二天報紙頭條的素描像，讓人們知道這個送奶人非比尋常的身分。

他就是雅可比．凡特何夫（Jacobus Hendricus van't Hoff，

1852-1911），生於荷蘭鹿特丹市，父親是當地一位有名的醫生，雅可比是他七個孩子中的老三。

中學時代的凡特何夫就是一個實驗迷，還曾因偷偷爬進實驗室裡忘我的做實驗而被校方批評，卻也因禍得福——他父親得知兒子的事後，就在家裡騰出了一個空房間供他做化

學實驗；從此，凡特何夫所有的課餘時間幾乎都是在自己的實驗室裡度過的。在校期間，勤奮的凡特何夫僅用了兩年時間，就學完了別人三年才能學完的課程。

凡特何夫畢業後，為了給自己今後的研究工作找到方向，他隻身來到德國波昂，有幸成為當時世界著名有機化學家佛萊德·凱庫勒的學生。就學期間，他非常勤奮，在有機化學方面接受了良好指導。隨後，他又來到法國巴黎向醫學化學家伍茲請教。一八七四年，他回到荷蘭；在取得烏特勒大學博士學位後，他的研究工作更是一發不可收拾。

他提出了碳原子四面體結構的立體化學概念，解釋了有機物的旋光異構現象，糾正了過去的有機結構理論中的錯誤；不過，難免遭到一些權威人士的強烈反對。其中，有機化學家哈曼·柯爾比最為頑固；他仗著自己年長，在沒有認真研究的情況下，就對凡特何夫橫加指責，並不遠千里從德國趕到荷蘭，要與他一較高下。面對前輩柯爾比的火氣，年輕的凡特何夫不急也不惱，而是心平氣和的用事實向他陳述自己的觀點。他實事求是、謙虛嚴謹的態度，終於贏得了這位化學界大師的折服與肯定。

一九〇一年十二月十日，由於在化學動力學和化學熱力學研究上的貢獻，凡特何夫成為第一位諾貝爾化學獎得主。

給小朋友的貼心話

學者並非整天都要端著架子，五十歲還堅持做送奶人的凡特何夫的風範就很平易近人。也就是因為如此謙遜，才能不自以為是，而是實事求是，終於在科學研究上取得重大成就。

和死神搏鬥的化學家——莫瓦桑

一八七〇年的巴黎，有一家名為「班特利」的著名藥店。巴黎城的人們都知道藥店裡有一個年輕的學徒，他用酒石酸銻鉀、三氯化鐵和他自己配好的其他藥挽救了一個誤食了砒霜的中年男子性命；那個學徒就叫莫瓦桑（Henri Moissan，1852-1907）。

出生於巴黎的莫瓦桑，一直到十二歲時才勉強上小學；由於家境貧困，之後被迫離家的他選擇到巴黎當了藥店學徒。少年時代就對化學知識和各種化學實驗充滿興趣的他並沒有因此放棄學習；在藥店當學徒的日子裡，通過自學，他順利通過了《論自然鐵》的論文答辯，取得巴黎大學物理學博士學位。正是他的聰明好學打動了老藥劑師，而將自己知道的配方知識都傳授給他。

一八七八年，莫瓦桑在弗雷米實驗室當實習生時，他的同學阿方曼拿著一瓶藥品對他說：「這就是氟化鉀，世界上還沒有一個人能製出單質（一種元素構成的純淨物）氟來！」

「難道我們的老師弗雷米教授也製不出來嗎？」莫瓦桑問。

「製不出來。有許多知名化學家為了製取它而中了毒。我可提醒你，氟是死亡元素，你千萬別碰！」

阿方曼不放心，又列舉了在製取單質氟實驗時不幸中毒死亡的科學家姓名，卻反而更堅定了莫瓦桑要研製出單質氟的決心！

一八八五年，莫瓦桑開始著手製造氟。他想選用氟化磷和純氧氣試驗；可是，由於當時化學元素週期律才發現十幾年，氟和氧的化學能量變化人們還根本不瞭解，所以這個盲目的實驗不但沒有成功，還白白燒壞了兩個昂貴的白金管。

他又連續做了數次實驗，卻都失敗了。

最後，經過多方面的研究，他想到了「電解法」。他首先製出合格但有毒的氟化砷和氟化磷，在其中加入少量的氟化鉀，研磨均勻，安裝好電解裝置，接通直流電。一開始，反應順利，陽極上有氣泡出現；過了一段時間，陽極上覆蓋了一層砷或磷，反應慢慢的停止了。這時的莫瓦桑覺得自己全身無力，心臟劇烈跳動，呼吸也變困難了；他本想等神智清醒時趕快離開實驗室，卻根本移動不了身子。他只能用盡最後的力氣抬起右手，關掉電門，隨即暈了過去……

當他醒過來時，妻子路更正站在他的身旁哭泣。莫瓦桑使力的說：「親愛的路更，妳怎麼能到實驗室來呢？這裡連空氣都有毒……」

「親愛的，如果我不來幫你開窗通風，你又怎能醒過來？現在，你必須聽醫生的話，需要靜養一個月。」路更哽咽著說。

「不行！製取氟的工作就要成功了，我一天也不能休息……」

就這樣，莫瓦桑又回到了實驗室繼續做實驗。一連幾天，他把一塊螢石（又稱氟石）磨成一個U形管，放入氟化砷、氟化磷和氟化鉀的混合物；再於U形管的兩端裝上電極，接通電源。很快的，在陽極上方冒出一個接一個的氣泡，被稱為「死亡元素」的單質氟終於被製取出來了。莫瓦桑抑制不住內心的激動，大聲喊道：「氟！氟！」

這個奇蹟就發生在一八八六年六月二十六日，這項成就讓他獲得了一九〇六年的諾貝爾化學獎。

給小朋友的貼心話

用心學習、投入工作，這是莫瓦桑能在科學研究上取得重大成就的基礎。他這種獻身科學研究的拚搏精神，相當值得我們在求學與工作上效法。

中國鐵路之父——詹天佑

詹天佑（1861-1919）是京張鐵路的總工程師，也是中國最早的愛國工程師。

詹天佑出生於廣東南海縣。他年少時就聰明好學，對機器十分感興趣。一八七二年，年僅十二歲的他到香港報考了清政府籌辦的「幼童出洋預習班」，成為中國近代第一批留學美國的學生之一。帶著為祖國富強而奮發學習的信念，在美期間，他親眼目睹北美與西歐科學技術的巨大成就，因此刻苦學習；一八七七年以優異的成績畢業於紐黑文中學，同年五月考入美國耶魯大學土木工程系，專攻鐵路工程。一八八一年，獲耶魯大學學士學位的他於同年回國。

帶著學以致用、報效祖國的滿腔熱情，詹天佑學過駕船、當過英文教師，也曾為當時的兩廣總督張之洞繪製過廣東沿海險要圖。直到一八八八年，天津—唐山鐵路施工，在老同學鄺孫謀推薦下，他才到中國鐵路公司任工程師。他與工人同吃同住，只用了八十天就使其竣工通車。

一九〇二年，袁世凱奏請修建一條專供皇室祭祖之用的新易鐵路（高碑店至易縣），限期六個月，命詹天佑為總工程師，這是中國人自築鐵路的開始。詹天佑率領部下，徹底拋棄了外國人必須在路基築成之後風乾一年才可鋪軌的常規，僅用了四個月便以極省的費用完成任務，大大的鼓舞了中國人的士氣。

張家口為北京通往內蒙古的要衝，清政府決定要修京張鐵路，且與沙俄達成「不借外債，不用洋匠，全由中國人自修此路」的協議時，受到各國嘲諷。

一九〇五年五月，京張鐵路總局和工程局成立，詹天佑為總工程師。同年九月四日正式開工，十二月十二日開始

鋪軌。就在鋪軌的第一天，一列工程車的一個車鉤鏈子折斷，造成脫軌事故；一時間，遭受各國各行的嘲諷中傷。詹天佑頂著壓力，採用自動掛鉤法解決了難題。

他親自帶隊，背著儀器，日夜奔波在崎嶇的山嶺上勘察、選路線。因清廷撥款有限，時間緊迫，最後他決定採用從豐臺北上西直門、沙河、經南口、居庸關、八達嶺、懷來、雞鳴驛、宣化到張家口的第一條路線，全長約一百八十公里；在層

巒疊嶂、坡度極大的關溝一帶，南口和八達嶺的高度就相差約六百公尺，工程之難，世所罕見。

為解決坡度大、機車牽引力不足的問題，他採用「人」字形軌道，用兩臺大馬力機車調頭互相推挽的辦法。沒有先進的機器設備，他就與工人一起挖石塊、挑水，採取各種措施，解決隧道工程中滲水、塌方等困難，並用「兩端鑿進法」開鑿居庸關。寒冬時節風沙四起，為了確保測量資料的精確無誤，他毅然攀到岩壁上進行測量。

在那些艱難的日子裡，他不忘給大家打氣：「京張鐵路是我們用自己的人、自己的錢修建的第一條鐵路，全世界的眼睛都在望著，我們必須成功！」

努力不懈的克服了種種困難，京張鐵路於一九〇九年竣工，八月十一日全線通車了，比原計畫提前兩年，總費用只有外國承包商索價的五分之一。

給小朋友的貼心話

詹天佑身為總工程師，卻能沒有身段的跟工人們一起賣力的修築鐵路，才能領導眾人同心協力的完成任務。想想看，當我們在做事或擔任班上幹部時，是否可以效法詹天佑的態度呢？

鐳的母親——居禮夫人

一八七七年的波蘭，在沙皇俄國、奧地利和普魯士的占領中受盡屈辱；波蘭的孩子不准看波蘭書，不許說波蘭話。居禮夫人瑪麗（Marie Curie，1867-1934）正是在這樣的壓迫中誕生和成長的。十歲的小瑪麗記下了父親的一句話：壓迫會產生反抗！知識就是力量！這讓她燃起藉追求知識來愛國的強烈願望。

戴著殖民枷鎖的波蘭不收女大學生；為了完成去巴黎求學的夢想，中學剛畢業的瑪麗便與姊姊一起去當家庭教師，五年後才終於心想事成。在索邦大學的學位考試中，她以優異的成績獲得了物理學碩士第一名。在某次物理學會的會議上，她結識了優秀的物理學家皮埃爾・居禮，他們在朝科學頂峰攀登的過程中結為伴侶；從此，瑪麗、居禮成了不可分開的名字。

沒有錢買瀝青鈾礦作試驗，他們就使用瀝青鈾礦的殘渣；沒有實驗室，他們就借用學校的一間破棚屋。做實驗時，為了把大量的礦渣加熱，要在盛礦渣的大桶裡攪拌上好幾個小時；悶在這樣一間棚屋裡，試驗散發出來的刺激味道又常常令人窒息。居禮夫婦正是在這種惡劣的條件下，為了提取「鐳」而奮鬥不懈，年復一年，他們從不抱怨。然而，惡劣的工作環境卻使皮埃爾患了四肢疼痛的病症，更多的試驗重擔便壓在瑪麗身上。每到深夜，照料完孩子的她又要開始他們的論文寫作；然而，他們僅用了一年時間，竟寫出三篇震撼世界的科學論文。

一九〇二年深冬的一個雪夜，當居禮夫婦如往常一樣推開實驗室的門，他們被眼前的景象所震驚：簡陋的棚屋如魔宮一般，從瓶子裡、罐子裡、桶裡散發出一片晶瑩的藍光，特別是那支盛著試驗產物的玻璃管裡，放射出來的光更加強烈。看

不見的射線被看見了！他們日思夜想的鐳誕生了！從一八九八年到一九〇二年，他們經過幾萬次的提煉，處理了幾十噸礦石殘渣，終於得到零點一克的鐳鹽，在科學界爆發了一次真正的革命。

繼鐳的發現之後，他們又開始著手提煉放射性元素「錒」；不過，一場車禍無情的奪去了皮埃爾的生命。懷著無限悲痛的居禮夫人，依然堅持行走在科學研究的道路上。幾十年來，長期受放射性物

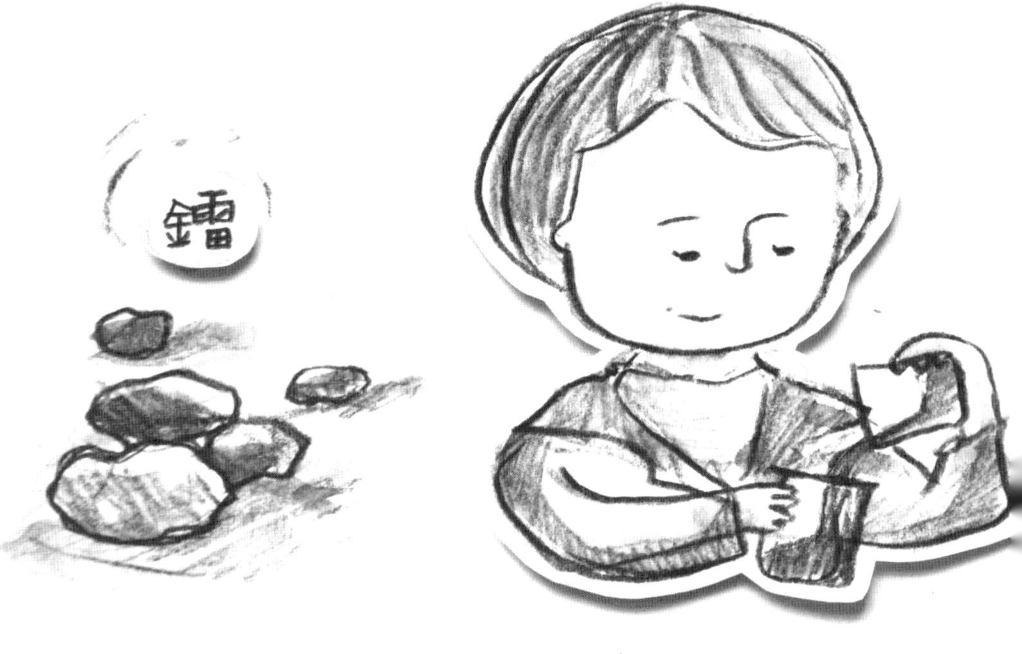

質侵襲的她患有肺病、眼病、膽病、腎病，甚至患過神經錯亂症，但她從未放棄。她曾為了參加世界物理學大會，請求醫生延期施行腎臟手術；她曾帶病回國參加鐳研究所的開幕典禮；她曾忍受著眼睛失明的恐懼，頑強的進行科學研究。甚至於，躺在病床上的她仍要求她的女兒向她報告實驗室裡的工作情況，並替她校對她寫的《放射性》一書。

一九三四年七月四日，原子時代的先驅、鐳的「母親」——居禮夫人與世長辭了。她把她的一生完全獻給科學，她那決不放棄、英勇獻身的研究精神，將永遠激勵著人們的心靈！

給小朋友的貼心話

居禮夫人是第一位獲得兩次諾貝爾獎的人，這都是因為她忘我的投身科學研究。小朋友，當你廢寢忘食的研讀你感興趣的科目、研究你所喜歡的事物，你便能從中得到快樂與成就感呵！

與細菌的戰爭——佛萊明

早在唐朝時，長安城的裁縫就會把長有「綠毛」的漿糊塗在被剪刀劃破的手指上來幫助傷口癒合，就是因為綠毛產生的某種物質有殺菌作用。一九二八年，英國細菌學家亞歷山大·佛萊明（Alexander Fleming，1881-1955）便首先發現了世界上第一種抗生素——青黴素（Penicillin，或音譯為「盤尼西林」）。

佛萊明出生在蘇格蘭的洛克菲爾德，七歲喪父，他跟著母親和大哥在山野間長大。小個子的佛萊明從倫敦聖馬利亞醫院醫科學校畢業後，就從事免疫學研究。

在第一次世界大戰中，作為研究傷口感染的軍醫，佛萊明注意到許多防腐劑對人體細胞的傷害甚於對細菌的傷害，他認識到需要某種可破壞細菌而無害人體細胞的物質。佛萊明是當時少數掌握了靜脈注射這一先進技術的醫生，在倫敦幾乎只有他能為梅毒患者注射最新治療藥物。

一九二二年，感冒的佛萊明無意中對著培養細菌的器皿打了噴嚏；後來發現，在這個培養皿中，凡沾有噴嚏黏液的地方沒有一個細菌生成。進一步研究後，佛萊明發現了溶菌——在體液和身體組織中一種可溶解細菌的物質，他認為獲得有效天然抗菌劑的關鍵就在於此；為此，佛萊明像個傻子般的老是向同事討眼淚進行實驗。不過，最終結果是，溶菌雖能夠消滅某些細菌，遇上那些對人類特別有害的細菌卻無能為力。

一九二八年，當出差三週的佛萊明踏進實驗室時，意外發現那個未經刷洗、且與空氣意外接觸過的金黃色

葡萄球菌培養皿中長出了一團青綠色黴菌；他立刻用顯微鏡觀察，發現黴菌周圍的葡萄球菌菌落已被溶解，細菌卻覆蓋了器皿中沒有沾染黴菌的所有部位。這表示黴菌的某種分泌物能抑制葡萄球菌，具有抗菌作用。儘管這一次感染的葡萄球菌是一種存在致命危險的感染源，具有高度研究精神的佛萊明卻毫不畏縮，在顯微鏡下一次又一次進行試驗，攻克一道道技術難關，證實這種黴菌液還能夠阻礙其他多種病毒性細菌的生長。

這種黴菌是否就是可敷在傷口上的天然抗菌素呢？佛萊明找來一隻健康的兔子，給牠注射細菌培養的過濾液，又在老鼠身上做同樣的青黴素毒性試驗，並將每次實驗的情況詳細記錄在本子上。透過試驗，佛萊明發現這種抗菌素作用緩慢，且很難大量生產。

一九二九年，佛萊明在一篇論文中介紹了自己的上述發現；但因為他在論文中只說青黴素可能是一種抗菌素，所以在當時並未引起人們重視。遺憾的是，佛萊明雖未放棄對青黴素的研究工作，卻沒有展開觀察青黴素治療效果的系統試驗。之後，是弗洛里（Howard Walter Florey）和錢恩（Ernst Boris Chain）兩位科學家從這個已被人遺忘的發現中證明了青黴素的功效，並把這項技術奉獻給人類，從此開創了抗生素時代。青黴素的發明，成為二十世紀醫學界最偉大的創舉，佛萊明、弗洛里、錢恩三人亦因此獲得一九四五年的諾貝爾醫學獎。

給小朋友的貼心話

還好有弗洛里及錢恩的持續研究，才能將佛萊明的發現發揚光大、造福世人。我們在學習或做事時若有什麼難題，如果能集思廣益，或許能更快解決問題，甚至產生好點子呵！

帶著電話趴趴走——馬丁．庫珀

「Hello——喬，我是馬丁．庫珀！我正在用一部可攜式蜂巢式電話跟你通話。」在紐約曼哈頓區的街頭，一個男人舉著一個大約兩塊磚塊大小、像是電話的東西，有模有樣的在打電話，這一幕引得不少路人駐足觀看。

這個男人，正是在摩托羅拉公司擔任通訊系統部門經理的馬丁．庫珀（Martin Lawrence Cooper，1928—）。

馬丁．庫珀出生在美國伊利諾州芝加哥市一個烏克蘭移民家庭。

一九五〇年取得伊利諾伊理工學院碩士學位後，他參加了美國海軍。退役後，他去喬任職的貝爾實驗室面試，但被拒於門外。之後，二十九歲的他進入了摩托羅拉公司的個人通訊事業部門工作，一做就是十五年。他擔任摩托羅拉通訊系統部門經理期間，便致力於推動行動電話的研發。

一九七三年，美國電報電話公司（AT&T）發明了一個新概念，叫「蜂巢式通信」。所謂的蜂巢式通信，就是採用蜂巢式無線網組的方式，在終端和網路設備之間以無線通道連接起來，進而實現用戶在移動中可相互通訊。

庫珀覺得這是個非常好的想法，他打算發明一部蜂巢式電話，並認為電話號碼對應的應該是個人而非地點；他要證明，個人通訊的想法是正確的。

某一天，庫珀無意中從電視劇《星艦迷航記》（*Star Trek*）中看到寇克船長在使用一部無線電話的畫面，他激動的喊道：「對！棒極了！這就是我想要發明的東西！」

就這樣，寇克船長的那部無線電話，就成為庫珀和他的團隊發明手機的原型。在當時，美國聯邦通訊委員會正在考慮是否允許AT&T在美國市場建立行動網路，並提供無線服務；此外，AT&T自己也有開發行動電話的計畫。為了搶占商機，庫珀和他的團隊開始夜以繼日的奮戰。餓了，就草草的啃兩個麵包；睏了，就輪流躺在角落的長椅上打盹。在大家的共同努力下，三個月後，第一部手機模型終於大功告成。

一九七三年四月三日，第一部手機誕生——就是庫珀在紐約曼哈頓區的街頭用的那一部手機，它的外形是由五個工業設計小組相互競爭下選擇出來的最簡單方案。因為電子系統工程師要把上百個零組件塞進去，最後的手機是原本設計的五倍大，也重得多；不論如何，它的誕生讓人們看到了無線通訊的希望。真正投入市場，則是在十年以後了。

從一九七三到一九八三年，庫珀帶領著他的團隊對第一部手機進行了五次技術革新，設計的手機重量也已降到只有四百五十公克。摩托羅拉將第一部手機正式上市時，當時的價格高達四千五百美元，一般人根本無力購買。

1973

一直致力於研發更輕便手機的庫珀，在多年後將自己的事業轉向了無線技術領域。如今，科技越來越發達，手機的形式越發多樣，功能也越來越多。這個當年科技人員之間的競爭產物，現在早已遍地開花，成為世界許多地方的人們生活中不可或缺的一部分！

給小朋友的貼心話

小朋友，你喜歡看科幻片（包括「哆啦A夢」）嗎？當代的許多發明都曾經出現在科幻片裡呢！發揮你的想像，你也可能發明創造新生活的未來產品呵！

輪椅上的巨人——霍金

在通往劍橋大學的路上，人們每天都會看到一位驅動著電動輪椅上班的男子；他從家裡出發，經過美麗的劍河、古老的國王學院，再上一段斜坡，駛到銀街的應用數學和理論物理系辦公室。輪椅上的男子骨瘦如柴，歪著腦袋斜躺著，用自己僅能活動的手指驅動著開關；一路上，誰也沒有與他交談。在失聲之前，他只能用極其微弱且變形的語言交談，這種語言只有身邊幾個熟悉的人才能通曉；他不能寫字，閱讀也必須依賴翻書器。

他，就是人們眼中那個堅強的科學巨人——史蒂芬．霍金（Stephen William Hawking，1942—）。

一九四二年，當英國倫敦正籠罩在希特勒的狂轟濫炸中時，一個小生命誕生了，他就是霍金。童年時的霍金就不擅長運動，而熱衷於拆解各類模型；他的手腳遠不如他的頭腦那般靈活，他寫的字在班級上也是出名的潦草。

可是，這些異樣並未引起他的父母和老師注意，他們只想著為他提供更好的學習環境；直到霍金在劍橋讀研究所後，他的母親才注意到兒子身體上的異常狀況。一九六三年，剛過完二十一歲生日的霍金住院兩週，經過各種檢查後，最終被確診患上了會導致肌肉萎縮的

「路格瑞氏症」（Lou Gehrig's disease，肌萎縮側索硬化症），被宣判只剩下兩年的生命。

自此，霍金的身體彷彿受到魔咒般迅速惡化，難以控制，讓他幾乎失去了活下去的勇氣。「身體僵硬，心、肺也會失效……上帝，您還讓我活著做什麼？」他哭喊著，用盡全身的力氣推倒了他熱愛的那些書籍。

然而，生活的磨難打擊不了真正有理想、有智慧的勇者。在家人和女友的鼓勵和幫助下，霍金終於重拾信心、排除萬難，繼續潛心研究。

七〇年代，他帶著身體的巨變和彭羅斯（Roger Penrose，1931—）證明了著名的奇性定理；他並證明了黑洞的面積不會隨時間減少，還發現黑洞會因為輻射而變小，但溫度卻會升高，最終會發生爆炸而消失。八〇年代，他開始研究量子宇宙論。

當可怕的病魔最終吞沒了霍金的行走能力，全身癱瘓的他不得不坐上輪椅；然而，病魔並未停止對他的侵襲。一九八五年，因肺炎而接受穿氣管手術後的他又失去了說話的能力，連閱讀也要別人替他把每頁紙攤平在桌上，才能讓他驅動著輪椅逐頁去看。不過，這些逆境都不能讓他退縮。

一九九一年的某個雨夜，霍金不幸遇上了車禍。這一次，他的頭上被縫了十三針，左上臂骨折。掛心於研究工作的他並未聽從醫生的勸告，在四十八小時後就回到了自己的工作崗位。

悲慘的命運讓霍金的身體被禁錮在輪椅上長達幾十年，卻並未局限住他的思想；他的思想是自由的，並用他的智慧為人類解開了宇宙之謎。當人們因為看到他嚴重變形的身體而感到憐惜時，他說：「在我二十一歲時，我的期望值變成了零。從那以後，一切都變成了額外津貼。」

給小朋友的貼心話

命運對霍金如此殘酷，他卻奇蹟般的支撐到今天，並在科學上取得卓越成就，或許便在於他具有強烈的使命感和極其堅強的意志。霍金的一生，是人類意志力的紀錄，是科學精神創造的一個罕見奇蹟。小朋友，當你遇到某些困難時，就想想霍金吧！

全球資訊網之父——提姆．伯納斯—李

今天，網路早已進入千家萬戶並改變了人們的生活形態；然而，可有人記得或知道他的名字——提姆．伯納斯—李（Tim Berners-Lee，1955—）？他是全球資訊網的發明者、千年技術獎得主、國際上公認的「全球資訊網之父」。

伯納斯—李出生於英國倫敦的一個書香門第，他的父母是曾經參與英國第一部商業電腦「費蘭蒂．馬克I」設計製造的數學家。

小時候的伯納斯—李很早就接觸了電腦。聰明好學的他時常做著與電腦相關的遊戲，或用穿孔卡片拼搭電腦模型，或在紙片上畫著電腦的圖樣。五歲時，他就能成功解出十以內的平方和立方。成長過程中，忙碌的父母只是為他準備了很多書籍，其中就不乏《探詢一切事物》這樣的百科全書。

一九七六年，伯納斯—李順利的從牛津大學物理系獲得一級榮譽學位。而對電腦技術日漸狂熱的他，早在大學期間，就曾用焊接槍將一臺廢棄的電視機與處理器等組裝出第一臺屬於自己的電腦。畢業之後，他就從事積體電路和系統設計的研究工作。

一九八四年，因一個偶然的機會，伯納斯—李來到位於瑞士日內瓦的歐洲核子研究中心擔任軟體工程師。為了使歐洲各國的核子物理學家能透過電腦網路即時溝通傳遞資訊，進行合作研究，充滿挑戰精神的伯納斯—李接受了此項軟體發展的任務。針對網際網路（Internet）聯接操作複雜、網上內容的表現形式又單調枯燥等問題，伯納斯—李不斷思索、試驗；最後，在結合了「人腦能夠透過神經傳遞、自主做出反應」的特點，他終於成功編製出第一個高效局部存取瀏覽器「Enguire」，並將它成功應用於資料共用瀏覽等領域。

初戰勝利大大激發了伯納斯—李的創造熱情。為徹底打破資訊存取的壁壘，他將目標瞄向建立一個以全球為範圍的資訊網。

一九八九年三月，在伯納斯—李遞交了關於建議採用超文本（Hypertext）技術把歐洲粒子物理研究所（CERN）內部的各個實驗室連接起來；在系統建成後將可能擴展到全世界的建議書被CERN退回後，他又苦心鑽研，用了兩個月時間進行修改，並加入了對超文本開發步驟與應用前景的闡述，才終於得到批准。獲得經費的伯納斯—李購買了一臺Next電腦，並率領助手開發試驗系統。

有一天，走在實驗室走廊上的伯納斯—李端著一杯咖啡經過盛開的紫丁香花叢時，清雅的花香伴著醇濃的咖啡香飄入了實驗室。剎那間，伯納斯—李有了靈感：人腦可以透過互相聯貫的神經傳遞資訊而感受香味，為什麼不可以經由電腦檔互相連接形成「超文本」呢？

就這樣，到一九八九年仲夏，伯納斯—李成功開發出世界上第一個網路伺服器和第一個網路客戶機，CERN的用戶可以進入主機以查詢每個研究人員的電話號碼。一九八九年十二月，他的發明正式定名為「全球資訊網」（World Wide Web；WWW）。一九九一年五月，WWW在Internet上首次露面，立即引起轟動，被普遍推廣應用，獲得了極大的成功。然而，伯納斯—李並沒有像人們預料的那樣為

WWW申請專利或限制它的使用，而是將它無償的向全世界開放。

給小朋友的貼心話

如果沒有全球資訊網，網際網路或許到現在還只是少數科技專家才能使用的特殊工具。伯納斯—李的貢獻當然很大；但是，更值得我們學習的是他無償奉獻的高尚品德。

國家圖書館出版品預行編目資料

向科學家挖寶／陳巧莉／作；Irene／繪—
初版.—臺北市：慈濟傳播人文志業基金會，
2013.09〔民102〕192面；15X21公分
ISBN 978-986-6644-92-4 （平裝）
1.科學家 2.通俗作品

309.9 102016525

故事HOME 24

向科學家挖寶

創辦者	釋證嚴
發行者	王端正
作者	陳巧莉
插畫作者	Irene
出版者	慈濟傳播人文志業基金會
	11259臺北市北投區立德路2號
客服專線	02-28989898
傳真專線	02-28989993
郵政劃撥	19924552 經典雜誌
責任編輯	賴志銘、高琦懿
美術設計	尚璟設計整合行銷有限公司
印製者	禹利電子分色有限公司
經銷商	聯合發行股份有限公司
	新北市新店區寶橋路235巷6弄6號2樓
電話	02-29178022
傳真	02-29156275
出版日	2013年9月初版1刷
建議售價	200元